Gartenideen mit Töpfen, Kübeln & Co.

Gartenideen mit Töpfen, Kübeln & Co.

Mit 50 Pflanzplänen für prachtvoll blühende Balkone und Terrassen

Bob Purnell

Ich danke Carol, meiner Mutter, für ihre unermüdliche Unterstützung und Judy Holbrook und Andy Luft für ihre unschätzbare Hilfe und Freundschaft.

Die Originalausgabe erschien unter dem Titel „Containers by Numbers"
by Hamlyn Octopus, part of Octopus Publishing Goup Ltd
2-4 Heron Quays, Docklands, London E14 4JP
© Octopus Publishing Group Ltd
All rights reserved

© für die deutschsprachige Ausgabe
by Pabel-Moewig Verlag KG, Rastatt
www.MOEWIG.de
Alle Rechte vorbehalten

Umschlagmotive:
Jerry Harpur/Designer: Anne Alexander-Sinclair (Foto); Gill Tomblin (Farbabbildung)
Produktion der deutschen Ausgabe: Redaktionsbüro Kramer, Weißenfeld/München
Übersetzung: Suzanne Bürger, München
Fachliche Beratung: Peter Himmelhuber, Regensburg
Satz und dtp: Anja Kramer, Weißenfeld/München

Printed in Germany
ISBN 3-8118-2901-7

Hinweis: Die Anleitungen in diesem Buch sind sorgfältig recherchiert und geprüft worden. Dennoch ist jegliche Haftung für Personen-, Sach- und Vermögensschäden ausgeschlossen, soweit gesetzlich zulässig. Insbesondere handelt es sich bei den Ratschlägen und Empfehlungen dieses Buchs um unverbindliche Auskünfte gemäß § 676 BGB.

Inhalt

Einführung

Pflanzen in Gefäßen zu ziehen ist die wohl vielseitigste Form des Gärtnerns. Nicht nur, dass sich fast jede Pflanze mühelos in einem Topf oder Kübel halten lässt – Sie können diese auch jederzeit umstellen oder neu kombinieren und somit immer wieder neue, reizvolle Blickfänge gestalten. Mit Pflanzkübeln lässt sich fast überall ein kleines Gärtchen anlegen, das bei Bedarf sogar mit umziehen kann. So wird eine triste Ecke im Handumdrehen in eine kleine grüne Oase verwandelt oder mit leuchtenden Farbtupfern zum Leben erweckt: Kein Garten und keine Terrasse ist zu klein dafür!

Die Zahl der Pflanzen, die sich für die Haltung in Gefäßen eignen, ist schier unüberschaubar. Dieses Buch möchte Ihnen helfen, die Pflanzen und Gefäße auszuwählen, die nicht nur Ihrem Garten und den dort herrschenden Wuchsverhältnissen, sondern auch Ihrem Lebensstil entsprechen. Nach einem hektischen Arbeitstag strahlen zum Beispiel ruhige Grünpflanzen oder ein schlichtes, japanisch anmutendes Arrangement eine willkommene Ruhe aus und wirken wohltuend auf das Auge. Wer häufig mehrere Tage außer Haus ist, für den ist dagegen ein Ensemble aus robusten Sukkulenten und anderen Trockenheit tolerierenden Pflanzen das Richtige.

Bei den Gestaltungsvorschlägen wurde immer darauf geachtet, dass die zusammengestellten Pflanzen nicht nur rein äußerlich miteinander harmonieren, sondern auch die gleichen Grundbedürfnisse haben und somit gemeinsam gut wachsen und gedeihen. Ob Sie nun einen ausgedehnten Garten, einen winzigen Hinterhof oder auch nur eine Fensterbank zur Verfügung haben – in diesem Buch werden Sie sicherlich etwas Passendes finden, das Ihrem Geschmack entspricht.

Links: Rote Nelken *(Dianthus)*, blaue Fächerblumen *(Scaevola)* und gelbe Margeriten in einem Korb verbreiten Sommerstimmung.

Über dieses Buch

Im ersten Kapitel erfahren Sie die Grundregeln, die beim Ziehen von Pflanzen in Gefäßen zu beachten sind. Praktische Tipps helfen bei der Wahl der geeigneten Behälter, Pflanzen und Standorte; außerdem erhalten Sie Pflanz- und Pflegehinweise sowie Hilfe für die Schädlingsbekämpfung. Mit diesem Wissen können Sie erfolgreich alle Ideen im Buch umsetzen.

Die übrigen Kapitel dieses Buches – Bepflanzte Töpfe, Tröge und Blumenkästen sowie Hängegefäße – enthalten jeweils auf einer Doppelseite einen individuellen Gestaltungsvorschlag, der bestimmten Standortbedingungen bzw. einer bestimmten Stil- und Geschmacksrichtung entspricht.

Die Pflanzpläne sind praxiserprobt und die angegebenen Pflanzenarten dürften in der Regel überall leicht erhältlich sein. Sie können die vorgeschlagene Bepflanzung entweder genau wie beschrieben durchführen oder – anhand der Regeln im ersten Teil – Ihren individuellen Ansprüchen und Vorlieben entsprechend variieren.

Auf jeder Doppelseite finden Sie eine farbige Abbildung des jeweils vorgeschlagenen Arrangements, eine Beschreibung der verwendeten Pflanzen sowie Einzelheiten über besondere Pflegebedürfnisse. Anhand eines nummerierten Pflanzplans sehen Sie genau, an welcher Stelle welche Pflanze am besten zur Geltung kommt. In einer Randspalte stellen wir Ihnen besonders empfehlenswerte oder interessante Pflanzenfamilien und deren verschiedene Sorten vor, natürlich unter Einbeziehung ihrer jeweiligen Wuchs- und Pflegeansprüche.

Für einige Gestaltungsvorschläge gibt es eine interessante Variation auf der jeweils folgenden Doppelseite.

Links: Schlichte Metalleimer, prachtvoll panaschierte Agaven, dunkle Schieferplättchen – dieses Arrangement verkörpert einen klaren, modernen Stil.

Pflanzgefäße aussuchen

Gefäße gibt es in allen nur erdenklichen Formen, Größen und Ausführungen – von prunkvoll und klassisch bis zu schlicht und verspielt. Viele Gefäße sind schon ohne Bepflanzung ein Blickfang für sich, andere verlangen geradezu nach einem üppigen Blumenarrangement. Wofür auch immer Sie sich entscheiden – achten Sie darauf, dass sich die Pflanzen darin wohl fühlen können und dass der Behälter wie auch die Pflanzen zur Umgebung passen. Wir stellen Ihnen hier einige gängige Pflanzgefäße vor.

Oben: Terrakotta-Töpfe sind sehr beliebt und vielseitig einsetzbar. Ihre warmen Erdtöne schmeicheln jeder Pflanze.

Terrakotta

Ziertöpfe aus Terrakotta fügen sich in nahezu jede Umgebung ein. Es gibt sie in Hunderten von Formen und Größen, von schmalen Zylindern bis zu flachen Minitrögen. Da Terrakotta porös ist, kann die Erde darin leicht austrocknen – dies lässt sich weitgehend vermeiden, indem man die Innenwände mit Folie auskleidet. Wichtig ist, dass die Töpfe frostbeständig (2x gebrannt) sind. Billiges Terrakotta überlebt meistens nicht einmal den ersten Winter.

Plastik und Glasfaser

In der Regel sind Pflanztöpfe aus diesen Materialien die preiswerteste Lösung. Es gibt jedoch auch Fabrikate, die Stein, Terrakotta oder Metall so überzeugend imitieren, dass sie den echten Materialien im Preis kaum nachstehen. Sie haben den Vorteil, dass sie wesentlich leichter und einfacher zu bewegen sind und nicht so leicht austrocknen. Zudem sind sie frostbeständig, langlebig und leicht zu reinigen. Superbillige Ausführungen sollten Sie allerdings meiden, sie verfärben sich meist rasch und nach ein, zwei Jahren kann der Kunststoff bersten.

Stein und Beton

Diese Gefäße halten meist ewig und sind oft hübsch verziert. Sie eignen sich für langjährige Bepflanzungen und sind in der Regel frostbeständig. Für ein besonders schönes Exemplar müssen Sie unter Umständen tief in die Tasche greifen, aber die Investition lohnt sich. Der Nachteil dieser Gefäße ist ihr immenses Eigengewicht.

Ton und Steingut

Sie sind in der Regel frostbeständig und oft verziert. Da sie in vielen Farben erhältlich sind, kann man die darin wachsenden Pflanzen gezielt zur Geltung bringen. Angesichts ihrer Langlebigkeit sind sie relativ preiswert und werden häufig mit passenden Untersetzern angeboten. Wenn man das Wasserabzugsloch mit Dichtungsmasse (Silikon) verschließt, kann man die Behälter auch für Wasser liebende Pflanzen verwenden.

Holz

Kübel und Tröge aus Holz wirken sehr natürlich und rustikal und lassen sich auch nach Maß anfertigen. Mit Farbe oder Beize kann man sie ansprechend gestalten und mit einer Folien-Auskleidung haltbarer machen. Oben offene Holzfässer überleben auch ohne schützende Behandlung viele Jahre lang, während kunstvollere Tröge und Fensterkästen regelmäßig neu lasiert oder lackiert werden müssen, um Fäulnis und Verwitterung vorzubeugen.

Metall

Pflanzgefäße aus Metall sind schon seit Jahrhunderten in Gebrauch; neueren Datums sind allerdings galvanisierte und rostfreie Behälter aus Stahl. Sie passen gut in die heutigen modernen Gärten und eignen sich für zahlreiche Pflanzenarten – von Gräsern bis zu Gemüse. Mehr als in anderen Behältern können die Pflanzenwurzeln hier allerdings extremen Temperaturen ausgesetzt sein. Dem lässt sich abhelfen, indem man die Innenwände mit Polyäthylenfolie auskleidet.

Hängegefäße

Hier unterscheidet man zwei Arten. Hängekörbe bestehen aus einem Kunststoff- oder Drahtgeflecht und müssen deshalb ausgekleidet werden (siehe Seite 15). Hängetöpfe oder Blumenampeln sind seitlich und unten geschlossen und können nur von oben bepflanzt werden.

Trödel

Nahezu jeder Gegenstand mit einem Hohlraum lässt sich zum Pflanzbehälter umfunktionieren – vorausgesetzt, er ist aus einem wasserunlöslichen Material und kann am Boden mit einem Wasserabzugsloch versehen werden. Ausgediente Wasserkessel, Blechdosen, Rohre, ausgehöhlte Baumstämme, ja, selbst alte Waschbecken und Toilettenschüsseln können Pflanzen eine höchst individuelle – oder gar amüsante – neue Heimat bieten. Meistens sind sie eine konkurrenzlos billige Lösung.

Rechts: Metallgefäße wirken cool und modern und ihre hell reflektierende Oberfläche schafft optisch mehr Raum.

Unten rechts: Die stattlichen Blätter des Neuseeländischen Flachses *(Phormium)* und die zarte Hängefuchsie bilden in diesem ungewöhnlichen Hängetopf einen reizvollen Kontrast.

Unten: Ein Gefäß muss nicht mit Pflanzen vollgestopft sein – die Schönheit dieser griechischen Amphore wurde durch die zurückhaltende Be- und Umpflanzung in Szene gesetzt.

Pflanzen auswählen

Bei ausreichender Pflege kann so gut wie jede Pflanze in einem Gefäß gut überleben – aber manche sind einfach besser dafür geeignet als andere. Es gibt sogar viele Pflanzen, die sich in Töpfen und Kästen sichtlich wohler fühlen und darin besser blühen und gedeihen als im Freiland.

Bei der Auswahl von Kübelpflanzen sind einige wichtige Dinge zu beachten.

Blühperiode

Topfpflanzen sollten natürlich in erster Linie eine möglichst lange Vegetationsperiode haben.

Mehrjährige (winterharte) Stauden wie Rittersporn oder Lupinen blühen zwar ganz prachtvoll, aber leider nur recht kurz – den Rest des Jahres sehen sie dann eher unscheinbar aus. Günstiger sind daher Mehrjährige mit einer langen Blühperiode, etwa der Bartfaden *(Penstemon)*, die Schokoladenblume *(Cosmos atrosanguineus)* oder die Prachtkerze *(Gaura lindheimerii)*. Auch Mehrjährige mit besonders schönen Blättern – wie Purpurglöckchen *(Heuchera)* oder Funkien *(Hosta)* – können einen Pflanztopf bereichern.

Als Topfpflanzen sind auch immergrüne Pflanzen oft die erste Wahl, da sie rund ums Jahr etwas für das Auge bieten. Je länger eine Pflanze im Jahresverlauf attraktiv aussieht, desto besser. Die Skimmie etwa hat hübsche Blätter, blüht und schmückt sich überdies mit Früchten – eine ideale Kübelpflanze!

Größe und Wuchskraft

In der Regel sollten Sie allzu starkwüchsige Sträucher und Kletterpflanzen lieber meiden, da sie ihre Pflanzgefäße allzu rasch überwuchern und dann irgendwo im Gar-

Oben: Diese originelle Gruppierung eckiger und unterschiedlich hoher Pflanzgefäße lässt sich beliebig umarrangieren und neu zusammenstellen – auf diese Weise bieten die Pflanzen immer wieder einen neuen Blickfang.

Rechts: Gräser und andere mehrjährige Pflanzen wie z. B. Funkien und Purpurglöckchen, die vor allem durch ihre eigenwilligen Blätter bestechen, wirken durch ihre Form und Farbe fast das ganze Jahr über interessant.

ten ausgesetzt werden müssen. Anders sieht es natürlich aus, wenn Sie sich sehr große Behälter von mindestens 75 cm Durchmesser und Tiefe leisten können – und genügend Platz dafür haben. Darin kann sich eine solche Pflanze gut und gerne ein paar Jahre einrichten. In solchen überdimensionierten Behältern gedeihen sogar kleine Bäumchen, obwohl deren Lebensspanne in einem Kübel oft kurz ist.

Dauergäste oder nicht?

Man kann also sagen, dass sich die überwiegende Mehrzahl von Pflanzen in Behältern mehr oder weniger wohl fühlt. Nun gilt es, unter zwei Gruppen zu unterscheiden: Arten, die sich für eine Dauerbepflanzung eignen und Arten, die ihre Pracht nur vorübergehend entfalten. Zur ersten Gruppe gehören Bäumchen, Sträucher, Kletterpflanzen und Mehrjährige mit attraktiven Blättern. Zu den Pflanzen, die nur zeitweilig Farbe bekennen, gehören Einjährige, Zweijährige, verschiedene Mehrjährige mit schönen Blüten sowie Zwiebel- oder Knollengewächse.

Erde und Wachstum

In Behältern können Sie Pflanzen ziehen, die Sie sonst nicht einmal in Erwägung ziehen könnten. Wenn Ihr Gartenboden sehr alkalisch ist, haben Pflanzen wie Rhododendron oder Kamelien, die nur in sauren Böden gedeihen, keine Chance – es sei denn, Sie pflanzen sie in einen Behälter mit einem kalkfreiem Kultursubstrat. Und Pflanzen wie z. B. die Minze, die im Freiland ungebremst dahinwuchern würde, lassen sich nur in Gefäßen einigermaßen im Zaum halten.

Wie im Garten sollten Sie natürlich auch hier nur Pflanzen auswählen, die optisch gut zusammenpassen, sich vertragen und die gleichen Ansprüche haben.

Links: Immergrüne wie Skimmie und Efeu bieten das ganze Jahr über einen hübschen Anblick. Mit nur zeitweilig blühenden Pflanzen lässt sich je nach Jahreszeit etwas Farbe in das Arrangement bringen.

Unten: Sauber beschnittene Buchsbäume *(Buxus)* auf unterschiedlichen Ebenen ziehen sofort die Blicke auf sich. Sie wirken schlicht und klassisch – einfach edel.

Töpfe aufstellen und gruppieren

Zu den vielen Vorteilen von Kübelgärten gehört, dass man Pflanzenarten nebeneinander stellen kann, die eigentlich ganz unterschiedliche Bedürfnisse an Bodenbeschaffenheit und Nahrung haben. Auf diese Weise lassen sich Kombinationen verwirklichen, die im Freiland undenkbar wären. Bei Berücksichtigung der jeweiligen Anforderungen und entsprechender Pflege können Sie zum Beispiel feuchtigkeitsliebende Funkien direkt neben Wasser speichernde Sukkulenten aus Wüstengebieten stellen – oder eine Clematis, die kalkhaltige Böden bevorzugt, neben einen Rhododendron, der es eher sauer mag.

Oben: Eine schlichte Holzwand (oder ein Bretterzaun) lässt sich mit Töpfen oder Körben im Nu verschönern. Hier wurden drei Terrakottatöpfchen vor alte Dachziegel montiert und mit bunten Stiefmütterchen bepflanzt.

Arrangieren

Die meisten Pflanzgefäße lassen sich beliebig herumschieben und somit immer wieder neu arrangieren – ähnlich wie man ab und zu die Möbel in der Wohnung umstellt oder Bilder neu verteilt. Die Pflanzen, die ihre schönste Zeit im Jahr bereits hinter sich haben, lassen sich auf diese Weise problemlos aussondern und durch neue ersetzen.

Das heißt aber nicht, dass grundsätzlich mehrere Pflanzbehälter in einer Gruppe zusammenstehen müssen – eine gut ausgewählte, formschöne Pflanze in einem einzelnen Gefäß kann auch schon für sich allein wirken.

Lücken ausfüllen

Mit Kübelpflanzen lassen sich auch sehr gut Ecken und Winkel in einem Garten verschönern, die nur schwer oder kaum zu bepflanzen wären – etwa gepflasterte Flächen oder sehr trockene Bereiche unter einer hohen Hecke. Auch Lücken in Beeten lassen sich damit vorübergehend –

oder auch dauerhaft – schließen. Sie können den Kübel dann entweder hinter andere Pflanzen schmuggeln oder aber ganz bewusst in Szene setzen.

Viele Beete lassen sich auf diese Weise gezielt bereichern. Mit einem Terrakotta-Topf z. B. können Sie nicht nur die darin wachsenden, sondern auch die Pflanzen in seiner Umgebung gut zur Geltung bringen, dank der durch Farbe und Material geschaffenen Kontraste. Viele Gefäße – etwa dekorative, bauchige Gefäße oder klassisch anmutende Urnen – wirken schon unbepflanzt höchst attraktiv.

Streng oder zwanglos?

Pflanzbehälter können entweder klassisch streng oder nach Lust und Laune gruppiert werden.

Mehrere Buchsbäume (Buxus) oder Lavendelsträucher in genau zueinander passenden Behältern entlang einer Treppe oder in regelmäßigen Abständen um einen Swimmingpool aufgereiht, wirken stets stilvoll-elegant, während ein Sammelsu-

Rechts: Zwergnarzissen, Schneeglöckchen, Krokusse und rote Primeln sind die Frühlingsboten schlechthin und bringen Leben und Farbe selbst in die tristesten Winkel.

Rechts außen: Eine Blumenampel macht noch keinen Sommer – bepflanzen Sie doch gleich noch einen Fensterkasten dazu! Aufeinander abgestimmte Blumenarrangements sind stets eine Augenweide.

Unten rechts: Dekorative Gefäße und Pflanzen von dekorativem Wuchs bilden hier einen höchst gelungenen Blickfang.

rium aus Kräutern und Einjährigen in unterschiedlichen Terrakotta-Töpfen eher den Eindruck von kreativem Chaos vermittelt.

Pflanzkübel können jede Umgebung optisch aufwerten und bereichern und bei Auswahl der richtigen Pflanzen und Gefäße lässt sich jede gewünschte Stimmung herbeizaubern – von blumig-romantisch bis zu sachlich-modern.

Richtiger Hintergrund

Der Hintergrund ist manchmal genauso sorgfältig auszuwählen wie die Behälter selbst, da er für den Gesamteindruck eine wichtige Rolle spielt. Vor dem richtigen Hintergrund kommt ein Kübel zehnmal vorteilhafter zur Geltung, während vor einem unpassenden Hintergrund selbst der schönste Behälter an Wirkung verliert.

Blühende Pflanzen in Töpfen sehen zum Beispiel am besten vor einem eher ruhigen, schlichten Hintergrund bzw. einer entsprechenden Hintergrundbepflanzung aus. Das Gleiche gilt für panaschierte Blattpflanzen – auffällig gemusterte Blätter vor einem ebenso lebhaftem Hintergrund wirken oft unruhig und überladen.

Vor Zäunen, Mauern und Sichtschutzwänden machen sich Kübelpflanzen grundsätzlich sehr gut – aber auch dort sollte man Pflanzen und Umgebung gut aufeinander abstimmen, damit die Atmosphäre stimmt.

Genuss für die Sinne

Nutzen Sie die Mobilität der Behälter aus und stellen Sie sie nahe an Sitzbereiche, Wege, Fenster, Türen oder andere Orte, wo Auge und Nase am meisten profitieren.

Der Duft von Lilien an einem lauen Sommerabend oder das betörende Aroma zarter Wicken (*Lathyrus*) beim gemütlichen Zusammensein auf der Terrasse machen alle Anstrengungen mehr als wett.

Bepflanzung und Pflege

Der Erfolg eines Kübelgartens hängt entscheidend davon ab, wie gut Sie über die Ansprüche der Pflanzen Bescheid wissen. In gewisser Hinsicht ist eine Kübelpflanze wie ein Haustier – auch sie kann sich nicht alleine versorgen und hängt vollkommen von Ihnen ab.

Wer Pflanzen in Behältern zieht, kann ihnen genau die Wuchsbedingungen bieten, die sie brauchen. Zusammensetzung der Erde, Wassermenge, Nährstoffzufuhr – all das lässt sich individuell auf die jeweiligen Pflanzen abstimmen.

Kultursubstrat

Pflanzerde gibt es in großer Vielfalt, aber im Grunde unterscheidet man nur drei Haupttypen, die sich dann durch Zusatzstoffe an die jeweiligen Bedürfnisse der Pflanzen anpassen lassen. Verlangen die Pflanzen zum Beispiel eine besonders gute Drainage, also einen gut durchlässigen Boden, kann man der Erde Grobsand oder Splitt beimengen; lieben sie es feuchter, empfiehlt sich der Zusatz einer Extraportion Wasser speichernden Granulats. Sie sollten in jedem Fall auf Kultursubstrate zurückgreifen, denn diese sind garantiert frei von Krankheitskeimen, Schädlingen und Unkrautsamen. Mit gewöhnlicher Erde aus dem Garten würden Sie ein unnötiges Risiko eingehen.

Substrat auf Lehmbasis

Kultursubstrate auf Lehm- oder Erdbasis („Qualitäts-Blumenerde" oder „Balkonblumenerde") sind die beste Wahl für

Links: Ein qualitativ gutes Allzweck-Substrat für Kübelpflanzen sichert eine lange gesunde Blüte.

Pflanzen, die lange Zeit in den Behältern verbleiben sollen. Sie sind wesentlich schwerer und reichhaltiger als erdlose Substrate und speichern Nährstoffe auch viel länger. Ideal sind sie für Bäume, Sträucher, Kletterpflanzen und winterharte Mehrjährige.

Erdloses Substrat

Dieses Kultursubstrat ist weit verbreitet und basiert auf Torf oder Torfersatzstoffen wie Kokosfasern. Üblicherweise als „Universalerde" oder „Einheitserde" bezeichnet, ist es ideal geeignet für kurzlebige Pflanzen wie Einjährige und Knollenpflanzen. Speziell für Hängetöpfe und Pflanzkübel vorgesehene Mischungen enthalten meistens einen besonderen Wasser speichernden Zusatzstoff. Solche Substrate sind besonders leicht, trocknen dafür aber auch rascher aus als Substrate auf Erdbasis. Die meisten enthalten genügend Nährstoffe für die ersten sechs Wochen nach dem Einpflanzen; danach ist regelmäßiges Nachdüngen erforderlich.

Kalkfreies Substrat

Pflanzen, die keinen Kalk vertragen und einen sauren Boden benötigen – etwa Rhododendron, Kamelien oder Erikagewächse (Pieris) – brauchen zum Gedeihen unbedingt kalkfreie Erde. Damit kann man auch die blaue Farbe bei der Hortensie *(Hydrangea)* erhalten, die sich in gewöhnlicher Erde sonst wieder rosa verfärbt.

Mulch

Unter Mulchen versteht man das Bedecken der Substratoberfläche mit einem Material, das die Wasserverdunstung und das Austrocknen des Pflanzbehälters verhindert.

Organischer Mulch wie Rindenspäne oder Kokosschalen verrotten mit der Zeit zu Kompost, anorganische Materialien wie

Pflanzhinweise

Einen Kübel oder Topf zu bepflanzen, ist keine Hexerei – hier ein paar grundlegende Hinweise, mit denen es Ihnen ganz sicher gelingt:

Bepflanzung von Töpfen, Trögen und Blumenkästen

1 Die Abzugslöcher auf dem Boden des Pflanztopfes mit einer Drainageschicht aus zerkleinerten Tonscherben, Blähton oder Grobkies bedecken, um Staunässe im Wurzelbereich zu vermeiden.

2 Bei Bedarf etwas Wasser speicherndes Granulat mit dem Kultursubstrat vermischen und den Behälter zu zwei Dritteln mit Erde füllen – je nach der Größe der Pflanzen, die Sie dann zunächst lose im Behälter anordnen.

3 Wenn Sie mit der Anordnung zufrieden sind, lösen Sie die Wurzelballen aus den Töpfen und setzen die Pflanzen in den Behälter. Die Lücken mit Erde auffüllen und darauf achten, dass die Pflanzen nicht zu tief sitzen.

4 Die Erde rings um die Pflanzen leicht andrücken und einige Düngestäbchen mit Langzeiteffekt (Depotdünger) hineinstecken. Anschließend kräftig angießen.

5 Ist die Substratoberfläche längere Zeit stärkerem Wind oder praller Sonne ausgesetzt, sollten Sie Mulch aufbringen, um die Austrocknung zu verringern – zum Beispiel Baumrinde, Schieferplättchen, Kiesel oder andere ansprechende Materialien.

Bepflanzung eines Hängegefäßes

Das Bepflanzen einer Blumenampel ist etwas aufwändiger als bei einem Standkübel.

1 Den leeren Korb zum leichteren Arbeiten auf einen leeren Topf stellen und schichtweise mit Moos, Kokosfasern oder ähnlichen Materialien auskleiden. In die Einlagen aus Kunststofffolie, Styropor oder gepressten Faserstoffen müssen Sie ggf. Löcher hineinschneiden, wenn die Pflanzen auch seitlich aus dem Korb herauswachsen sollen.

2 Etwas Erde einfüllen und die kleineren Pflanzen behutsam von innen durch die Öffnungen hindurch nach außen schieben. Nicht die Wurzeln verletzen!

3 In weiteren zwei oder drei Schichten den Korb abwechselnd mit Pflanzen und Erde auffüllen. Falls erforderlich, kann Wasser speicherndes Granulat untergemischt werden.

4 Hoch wachsende Pflanzen in die Mitte des Korbes setzen und die rankenden Arten außen an die Ränder. Die Erde in der Mitte muss etwas niedriger liegen als außen – dann kommt das Gießwasser besser an die Wurzeln.

5 Einige Düngestäbchen in die Erde stecken und gründlich wässern. Bevor Sie den Korb an seinen endgültigen Platz hängen, sollten Sie ihn ein paar Wochen an einen geschützten Ort stellen, damit die Pflanzen gut anwurzeln.

Rechts: Dieser geniale Behälter spart Platz und besitzt mehrere integrierte Pflanznischen mit jeweils separatem Wasserablauf. Eine perfekte Lösung für Kräuter und Alpenpflanzen, die keine Staunässe vertragen.

Unten: Hier wurde ein Holztrog mit passenden Füßen aufgebockt, um den Wasserabzug zu gewährleisten – die Zier- und Gemüsepflanzen danken es durch üppigen Wuchs.

Gegenüber: In frostanfälligen Gebieten können Jungpflanzen und nicht ganz winterharte Arten in einem Gewächshaus, einem Wintergarten oder auch in einem kühlen Zimmer überwintern.

Kies, Schieferplättchen, Altglasscherben oder Dekosteine sind unzerstörbar.

Gießen

Richtiges Gießen ist das A und O, wenn Kübelpflanzen gut gedeihen sollen. Der Regen allein liefert nicht genügend Feuchtigkeit, da bei dicht bepflanzten Behältern die Oberfläche meist so von Blattwerk überdeckt ist, dass die Erde selbst bei einem heftigen Regenschauer nicht ausreichend durchnässt wird. Außerdem können Kübelpflanzen ihre Wurzeln nicht wie in der freien Natur im Erdreich ungehindert nach feuchten Stellen ausstrecken, sondern sind auf ihre Behälter beschränkt. Überdies trocknet das Substratgemisch meist leichter aus als die meisten Gartenerden. Selbst im Winter erfordern Immergrüne häufiges Gießen, da sie über ihre Blätter – zumal bei austrocknendem Wind – viel Feuchtigkeit verdunsten.

Zum Wässern von Kübelpflanzen verwenden Sie am besten eine Gießkanne. Nehmen Sie den Brauseaufsatz ab und richten Sie den Wasserstrahl direkt auf den Wurzelbereich. Gießen Sie langsam, damit das Wasser gut in die Erde einsickert und nicht über den Behälterrand abläuft – und so lange, bis die Wurzeln gut mit Wasser versorgt sind.

Töpfe können Sie auch auf wassergefüllte Untersetzer stellen und die Pflanzen einfach so viel Wasser aufsaugen lassen, wie sie brauchen. Das verbliebene Wasser sollten Sie allerdings regelmäßig wegkippen, weil nur den wenigsten Pflanzen Dauernässe im Wurzelbereich behagt. Kleine Töpfe, die ziemlich ausgetrocknet sind, tauchen Sie einfach in einen Eimer Wasser, bis sie aufhören zu blubbern.

Im Sommer müssen manche Pflanzen zweimal täglich gegossen werden – an einem heißen Tag trocknet zum Beispiel ein Pflanztopf aus Terrakotta in der prallen Sonne wesentlich rascher aus als ein Plastiktopf im

Halbschatten. Morgens und abends sind die günstigsten Zeiten, weil dann am wenigsten Feuchtigkeit verdunstet.

Bewässerungshilfen

Es gibt verschiedene Produkte, mit denen Sie sich das Gießen von Kübelpflanzen vereinfachen können. Wasser speichernde Polymer-Kügelchen quellen durch Feuchtigkeit auf und können in kleinen Mengen unter die Pflanzerde gemischt werden. Sie halten Feuchtigkeit im Boden und sind immer dann nützlich, wenn Sie das Gießen hie und da einmal versäumen – sie sind allerdings kein Ersatz für eine regelmäßige Bewässerung.

Bewässerungssysteme

Auch für eine automatische Bewässerung bieten sich verschiedene Möglichkeiten an – etwa Tropfrohre, welche die Wurzeln langsam, aber konstant mit Wasser versorgen.

Entwässerung (Drainage)

Eine gute Drainage ist ebenso wichtig wie eine gute Bewässerung, da Staunässe für eine Pflanze genau so schädlich sein kann wie Austrocknen. Achten Sie darauf, dass sich in den Böden der Behälter ausreichend große Abzugslöcher befinden und decken Sie diese mit einer Lage Kies oder Tonscherben ab. Stellen Sie die Behälter auf Ziegelsteine oder andere Füße, damit die Abzugslöcher nicht verstopfen.

Düngen

Beim Gießen werden jedesmal Nährstoffe aus dem Kultursubstrat geschwemmt, so dass sie regelmäßig ersetzt werden müssen. In den Boden gesteckte Düngestäbchen (Langzeit- oder Depotdünger) geben ihre Nährstoffe nach und nach ab und eignen sich besonders für langfristige Bepflanzungen. Kurzlebigere Pflanzen ernähren Sie

am besten mit einem wasserlöslichen oder flüssigen Dünger, der dem Gießwasser beigefügt wird. Blumen gedeihen am besten mit einem Kalidünger, während Grünpflanzen eher einen stickstoffhaltigen Dünger brauchen.

Pflegehinweise

Mit einigen wenigen, aber regelmäßigen Handgriffen können Sie Ihre Pflanzen stets in gutem Zustand halten. Dazu gehört vor allem das Ausputzen, also das Entfernen verwelkter oder verblühter Teile, um die Bildung neuer Blüten zu fördern. Viele Pflanzen wachsen kräftiger und buschiger, wenn man sie ab und zu zurückschneidet, stutzt und auslichtet.

Überwinterung

In einem Kübel oder Topf reagieren selbst winterharte Pflanzen zuweilen frost- und witterungsempfindlich; während langer Kälteperioden können auch die Wurzeln von Immergrünen erfrieren.

Nicht-winterharte Pflanzen bringen Sie am besten an einem frostsicheren Ort unter. Immergrüne sollten einigermaßen hell stehen, während Pflanzen, die im Winter ruhen, auch in einem dunklen Schuppen stehen können – abgedeckt mit Gartenvlies. Pflanzen, die im Freien überwintern können, sollten Sie an eine geschützte Stelle rücken – vielleicht hinter einen Strauch – und den Wurzelbereich mit Stroh oder Noppenfolie abdecken.

Schädlingsbekämpfung

Kübelpflanzen sind für Schädlinge genauso anfällig wie Gartenpflanzen – allerdings kann man das Ungeziefer generell leichter im Auge behalten und deshalb rascher reagieren. Frühzeitig bemerkt, lassen sich die meisten Schädlinge erfolgreich bekämpfen. Wie überall gilt aber auch hier: Vorbeugen erfordert weniger Aufwand als Heilen.

Schädlinge

Dickmaulrüssler

Die kleinen, weißlichen Larven des Käfers haben einen braunen Kopf und fressen sich durch die Wurzeln vieler Pflanzen. Diese Schädlinge lassen sich biologisch mit Nematoden bekämpfen – oder auch mit chemischen Mitteln, die ins Gießwasser gegeben werden.

Schnecken

Anfangs sind Kübelpflanzen vor ihnen relativ sicher, aber irgendwann finden die Schnecken auch zu ihnen den Weg. Neben handelsüblichen Köderfallen gibt es noch einige Hausmittel, um Schnecken abzuwehren. Sie können zum Beispiel ein Kupferband rings um die Oberkante des Behälters legen oder eine Bierfalle aufstellen. Mit Kleie lassen sich Schnecken anlocken und dann leicht absammeln.

Blattläuse

Diese schwarzen oder hellgrünen Plagegeister schädigen die Pflanzen nicht nur durch Aussaugen, sondern fördern auch die Ausbreitung von Pilzkrankheiten. Werden sie rechtzeitig entdeckt, können die befallenen Triebe und Blätter weggeschnitten werden. Ebenso lassen sich Blattläuse mit speziellen Insektiziden in Schach halten. Auch mit Seifenlösung und Pyre-

thrum-Spray kann man gegen sie vorgehen – oder man beschafft sich Florfliegen, die Blattläuse zum Fressen gern haben.

Raupen

Diese Schädlinge können Dahlien, Kapuzinerkresse und Salatpflanzen fast über Nacht mit Stumpf und Stiel vertilgen. Ist der Befall gering, kann man sie samt Blatt einfach entfernen; bei einem Massenansturm hilft nur noch ein Kontaktinsektizid.

Weiße Fliegen

Diese winzigen geflügelten Schädlinge vermehren sich bei Trockenheit rasend schnell. Man bekämpft sie am besten mit einem systemischen Insektizid – oder pflanzt Studentenblumen (Tagetes), deren Duft sie nicht mögen.

Krankheiten
Grauschimmel (Botrytis)

Dieser Pilz breitet sich überall dort aus, wo es feucht ist und die Luftzirkulation schlecht ist. Er bildet auf Blättern und Stängeln braungraue, schmierige Beläge. Befallene Teile oder die ganze Pflanze wegschneiden und sorgfältig entsorgen; anschließend ein systemisches Fungizid versprühen, damit sich der Pilz nicht weiter ausbreiten kann.

Mehltau

Dieser Schadpilz bildet auf den Blattoberseiten einen weißlichen, mehligen Belag. Für gründliche Bewässerung sorgen, befallene Blätter abknipsen und abgestorbene Blätter auflesen und entsorgen. Hilft das nichts, muss die Pflanze mit einem Kontaktfungizid besprüht werden.

Rost

Der Verursacher von rötlichen Pusteln an der Blattunterseite und gelblichen Flecken auf der Oberseite ist ebenfalls ein Schadpilz. Stark befallene Blätter entfernen und die Pflanze mit einem Fungizid besprühen.

Pflanzenschutzmittel
Kontaktinsektizide und -fungizide

Dies sind Gifte, die von den Schädlingen oder Pilzsporen durch Berührung aufgenommen werden – beim Krabbeln über eine benetzte Fläche oder durch direktes Besprühen.

Systemische Insektizide

So nennt man Insektengifte, die von der Pflanze durch Blätter und Wurzeln in den Saftstrom aufgenommen werden und von innen her einen wirksamen Schutz gegen Pilze und gegen saugende Schädlinge bieten, aber nicht so sehr gegen Blattfresser.

Biologische Mittel

Manche Schädlinge lassen sich ausmerzen, indem man ihre natürlichen Fressfeinde fördert oder gezielt aussetzt. Diese Bekämpfungsmaßnahme ist allerdings fast nur in der kontrollierten Umgebung eines Gewächshauses oder Wintergartens durchführbar; außerdem dürfen natürlich nicht gleichzeitig chemische Mittel verwendet werden, die den Nützlingen schaden.

Andere organische Mittel

Auch dies sind nicht-chemische Mittel. So lassen sich nachtaktive Dickmaulrüssler einsammeln, wenn man ihnen umgedrehte Töpfchen anbietet, in denen sie sich tagsüber verstecken können. Manche Schädlinge lassen sich auch mit bestimmten Pflanzen – z. B. Ysop (*Hyssopus officinalis*), Knoblauch (*Allium sativum*) oder Schnittlauch (*Allium schoenoprasum*) – erfolgreich abwehren.

Bepflanzte Töpfe

Töpfe sind die am weitesten verbreiteten Pflanzgefäße. Es gibt sie in allen nur erdenklichen Formen, Größen und Ausführungen, so dass garantiert für jeden Garten, jeden Geldbeutel und jeden Geschmack etwas dabei ist. Da sie sich nach Lust und Laune umstellen lassen, können Sie Farben und Blattformen immer wieder neu miteinander kombinieren. Und bei einem Wohnungswechsel ziehen sie einfach mit um.

Mit einjährigen Blumen bepflanzt, sind Töpfe die wohl kurzlebigsten „Kleingärten" – aber wer mag, kann auch Immergrüne ziehen, die eine gewisse Aura von Unvergänglichkeit umgibt. Wenn Sie größere Behälter mit einer Langzeitbepflanzung als Grundstock einer Topfgruppe aufstellen, können Sie mit kleineren jahreszeitlich bepflanzten Kübeln und Töpfen immer wieder mit unterschiedlichen Blütenfarben und Blattformen für Abwechslung sorgen.

So manche Stelle – etwa eine Mauer, vor der sich eine Kletterpflanze wunderbar ausnehmen würde – eignet sich nicht für eine Bepflanzung, weil der Boden zu flach und steinig ist oder nicht genügend Erdreich bietet. In diesen Fällen sind Töpfe die ideale Lösung.

Alle Arten von Pflanzen lassen sich in diesen Gefäßen ziehen, von Gemüsepflanzen und Kräutern bis zu Alpenblumen oder dekorativen Gräsern. Witterungsempfindliche Arten können bei Bedarf einfach im Haus überwintern – und wenn Ihre Wunschpflanze zufällig einen sehr durchlässigen Boden verlangt, brauchen Sie dennoch nicht auf sie zu verzichten, nur weil es in Ihrem Garten ausschließlich schweren Lehmboden gibt.

Mit verspielten Accessoires und Dekorationselementen lässt sich mit einer Topfgruppe im Handumdrehen eine besondere Stilrichtung oder Atmosphäre zaubern. Ob Ihnen der Sinn nach Tropenflair, einer romantischen Wildblumenwiese oder einem üppigen Urwald steht – mit geschickt arrangierten Töpfen und Pflanzen können Sie Ihren Traum im Miniaturformat verwirklichen.

Sonniger Winter

Dieses fröhliche Potpourri aus Immergrünen kann selbst den tristesten Wintertag aufheitern. Die Pflanzen sind überall erhältlich und wurden ausgesucht, weil sie leicht zu halten sind und den ganzen Winter über interessant und ansprechend aussehen. Das zartblaue irdene Gefäß lässt das Arrangement noch lebhafter wirken.

Wenn Sie einen ausreichend großen Behälter auswählen, haben Sie an dieser Bepflanzung gut und gerne zwei bis drei Jahre lang Ihre Freude. Nach dem ersten Frühling können Sie die Kübelbewohner aber auch einzeln in Töpfe umpflanzen oder in den Garten setzen.

Der Blickfang ist die *Choisya ternata* 'Sundance', eine gelbblättrige Sorte der mexikanischen Orangenblume, die auch Halbschatten verträgt. Einen schönen Kontrast dazu

bildet die Traubenheide *Leucothoe* 'Zeblid' (bzw. 'Scarletta'), ein kleiner bis mittelgroßer Strauch, der kalkfreien Boden braucht. Seine Blätter sind in der Jugend dunkelrot-violett und werden mit zunehmendem Alter grün. Im Winter verfärbt sich das Laub bronzefarben. Eine Alternative wäre *Leucothoe fontanesiana* 'Rainbow' mit rosa-weiß panaschierten Blättern. Aufgelockert wird das Arrangement durch die Reeves-Skimmie (*Skimmia japonica*, subsp. *reevesiana*), die

rote Beeren und kräftig grüne Blätter zeigt. Im Frühling schmücken sich alle drei Sträucher mit weißen Blüten. Zur Abrundung wurde außen herum *Hedera helix* 'Goldchild' gepflanzt, eine hübsche, gelbgrüne Efeuart.

Obwohl nur die Leucothoe einen sauren Boden verlangt, fühlt sich auch die Skimmie in ihm wohl; das Gleiche gilt für die Choisya und den Efeu. Setzen Sie den Behälter an eine leicht schattige, geschützte Stelle in Hausnähe.

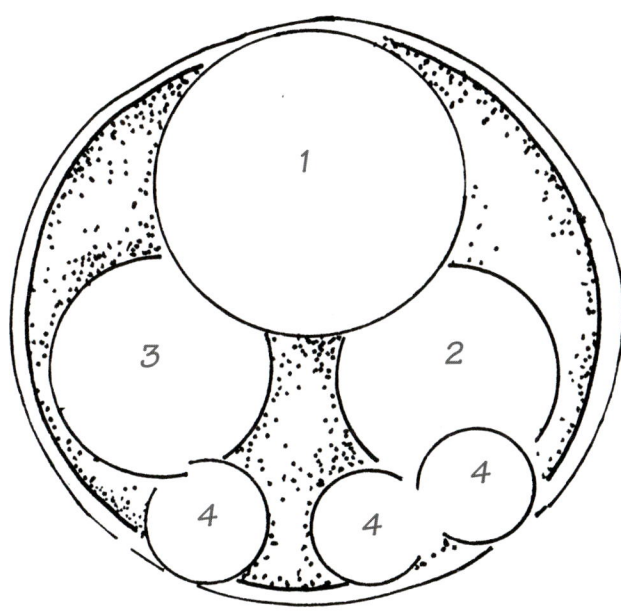

Pflanzplan

1 *Choisya ternata* 'Sundance'
2 *Leucothoe* 'Zeblid'
3 *Skimmia japonica*, subsp. *reevesiana*
4 *Hedera helix* 'Goldchild'

SKIMMIE

Glänzend-grüne Blätter, weiße Blütenrispen und leuchtend rote, kugelige Früchte – die immergrünen Skimmien bringen Abwechslung in jedes Winter- oder Sommerarrangement.

Bei den meisten Sorten müssen Sie eine männliche Pflanze möglichst nahe einer weiblichen pflanzen, damit diese im Herbst und Winter Beeren trägt. Bei der Sorte *Skimmia japonica* subsp. *reevesiana* (siehe oben) befinden sich männliche und weibliche Blüten allerdings an ein und derselben Pflanze, so dass in jedem Fall Beeren kommen. Die Skimmie wächst langsam zu einem kompakten, halbkugeligen Strauch heran und kann die meiste Zeit ihres Lebens problemlos in einem Behälter verbringen.

Die *S. japonica* 'Rubella' ist ein kompaktwüchsiger männlicher Klon mit besonders dekorativen Blättern. Er treibt im Herbst kräftig-rosafarbene Knospen, die im Frühjahr reinweiß erblühen. Bei den weiblichen Sträuchern von *S.* 'Nymans' und *S.* 'Veitchii' (syn. *S.* 'Foremanii') sind die Beeren besonders groß. Die *S.* 'Fructu Albo' produziert weiße Beeren.

Die männliche *S. Fragrans* besticht durch duftende weiße und die *S.* x *confusa* 'Kew Garden' – ebenfalls männlich – durch besonders große Blüten.

Skimmien sind robust und winterhart und gedeihen am besten in tiefen, humusreichen, kalkfreien Böden. Sie vertragen volle Sonne ebenso gut wie Schatten – sehr heiße Standorte behagen ihnen jedoch nicht. Achten Sie im Sommer darauf, dass sie nicht austrocknen.

Gut in Form

Aus manchen Sträuchern und Koniferen kann man dekorative Figuren schneiden – das macht sie zeitlos attraktiv! In Gartencentern erhält man sie oft bereits kunstvoll beschnitten, allerdings zu einem stolzen Preis. Wenn Sie das Geld sparen möchten – warum versuchen Sie nicht selbst Ihr Glück?

Gehen Sie mit Spaß und nicht allzuviel Perfektionismus an diese Aufgabe heran – und Sie werden erstaunt sein, was Sie zustande bringen! Für einige Zierfiguren braucht es zwar einige Jahre Geduld, aber einfachere Formen wie Kugeln oder Pyramiden lassen sich recht schnell verwirklichen.

Wie schnell eine Pflanze wächst, hängt natürlich von der jeweiligen Art ab. Für einen Formschnitt ist der

Buchsbaum *(Buxus)* unbestritten die Nummer Eins: Er ist genügsam und seine kleinen Blättchen erlauben selbst kleinformatige „Skulpturen".

Auch die Eibe *(Taxus)*, Stechpalme *(Ilex)* und Lorbeer *(Laurus nobilis)* sind geeignet, doch wenn Sie rasch Ergebnisse sehen wollen, sollten Sie auf eine reich verzweigte Heckenkirsche *(Lonicera nitida)* oder eine Zypresse (z. B. *Cupressus macrocarpa)* zurückgreifen.

Im Prinzip lässt sich mit etwas Geschick aus fast jedem immergrünen Strauch ein kleines lebendes Kunstwerk kreieren.

Wer es gar nicht erwarten kann, sollte sich an Kletterpflanzen halten, wie zum Beispiel Efeu *(Hedera)*, die man über eine Drahtform wachsen lassen kann. Sie können fertige Drahtformen verwenden oder aus Maschendraht selbst eine Figur entwerfen.

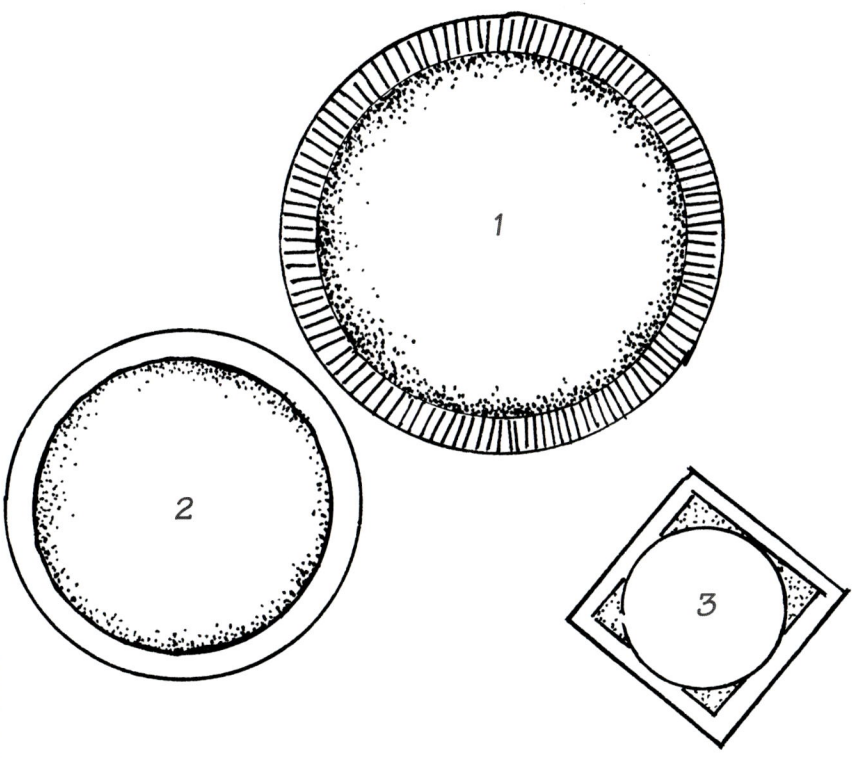

Pflanzplan

1 *Buxus sempervirens*
2 *Hedera helix* 'Eva'
3 *Hebe* 'Emerald Green'

Pflanzenporträt

EFEU

Efeu *(Hedera)* ist immergrün, robust, hat je nach Sorte höchst unterschiedlich geformte und gefärbte Blätter – und wenn man die Pflanze einmal etwas vernachlässigt, nimmt sie es nicht gleich übel.

Wer an Rankgerüsten oder auf Drahtformen eine Skulptur ziehen möchte, ist mit einer kleinblättrigen Sorte am besten bedient. Aufgrund seiner dekorativ herabhängenden Ausläufer eignet sich Efeu auch als Beipflanze in Hängekörben oder als Abschluss an den Rändern großer Kübel. Die zahlreichen Formen und Züchtungen des Gemeinen Efeus *(H. helix)* gehören zu den wenigen winterharten Pflanzen, die man auch problemlos in der Wohnung halten kann – besonders in Küche oder Bad, wo es immer leicht feucht ist.

Die frischgrün-cremigen Blätter des *H. helix* 'Chester' haben in der Mitte jeweils einen auffälligen dunkelgrünen Fleck, während die Blätter von *H. h.* 'Eva' eher graugrün wirken, dafür aber eine dekorative helle Umrandung aufweisen. *H.h.* 'Luzii' besitzt mittelgroße Blätter mit hellen Sprenkeln. Die kräftigen Stämmchen von *H.h.* 'Pedata' tragen dunkelgrüne, länglich-schmale Blätter. Eine der dankbarsten Efeuarten ist *H. h.* 'Goldchild' (siehe Abbildung) mit kräftig hell umrandeten Blättern.

Allzu wild wuchernde Ausläufer können Sie problemlos radikal zurückschneiden und in Töpfen weitervermehren.

Frühlingserwachen

Die Atmosphäre eines kleinen Wäldchens im erwachenden Frühjahr lässt sich ganz leicht auf Balkon oder Terrasse holen – mit Nieswurz, Zwergnarzissen, Primeln und Lungenkraut.

Um den Nieswurz (*Helleborus orientalis* und *H. x hybridus*) – auch Lenz- oder Christrose genannt – ranken sich

zahlreiche magische Bräuche. Sie gehört zu den reichblühendsten Blumen und öffnet ihre glockigen Blüten in den unterschiedlichsten Farben: von samtviolett bis zu cremeweiß.

Den Stinkenden Nieswurz *(H. foetidus)* dagegen schätzt man hauptsächlich wegen seiner dekorativen, dunkelgrünen Blätter. Beide Arten passen gut in einen breiten Terrakotta-Topf. Für den mittleren Bereich wurde *Nar-*

cissus 'February Gold' ausgewählt – eine Zwergnarzisse, die ihre gelben Trompetenblüten hier keck aus dem dichten Blattwerk der Christrosen emporreckt.

Eine hellgelbe Primel *(Primula vulgaris)* und eine Unterpflanzung aus silberblättrigem Lungenkraut *(Pulmonaria saccharata)* sorgen für räumliche Abstufung. Die mehrjährige Pulmonaria hat viel zu bieten: Sie zeigt nicht nur Blütentrauben in verschiedenen leuchtenden Blau-, Rosa-, Rot- oder Weißtönen, sondern oft auch noch besonders hübsche, silbrig oder weiß gezeichnete Blätter.

Mit ein paar ausgesuchten „waldigen" Komponenten zwischen den Blumen können Sie dieses Arrangement vervollständigen. Hierzu eignen sich kleine Zweige, lose Laubblätter oder ein, zwei Tannenzapfen. Auch ein bemooster Stein und ein paar einzelne Primeln oder Narzissen machen sich gut.

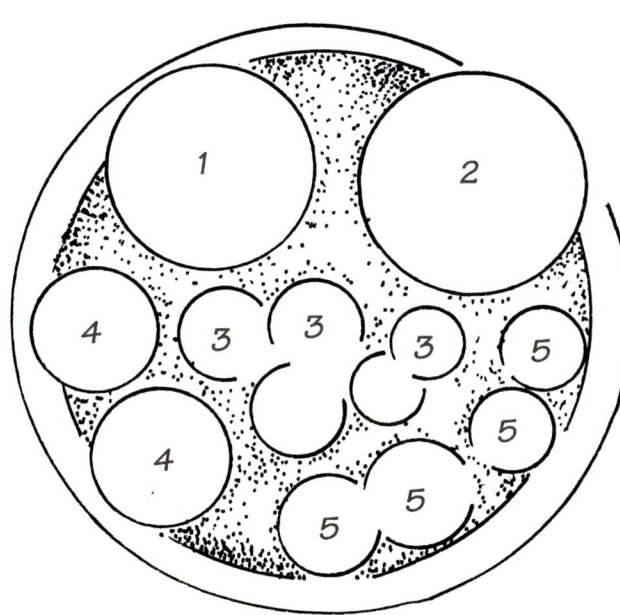

Pflanzplan

1 *Helleborus orientalis* weiß blühend
2 *Helleborus foetidus*
3 *Narcissus* 'February Gold'
4 *Pulmonaria saccharata* Argentea
5 *Primula vulgaris*

Pflanzenporträt

PRIMELN

Primeln *(Primula vulgaris)* und Vielblütige Primeln (*P.* polyanthus-Gruppe) sind reizende, wochenlang blühende Frühlingsboten und verschönern jeden Pflanzbehälter, ob im Schatten oder in der Sonne.

Nicht alle Primelarten sind kräftig bunt – einige sind eher pastellfarben. Die Polyanthus-Gruppe umfasst Hybriden unterschiedlicher Primula-Arten, die an einem kräftigen Stängel mehrere Blütenköpfchen tragen und deren Blütenblätter eine feine, goldgelbe Umrandung aufweisen (siehe Abbildung).

Doldenprimeln haben rosettenförmige Blütenstände in allen Schattierungen von Reinweiß bis Bordeauxrot. Zusammen mit farblich abgestimmten Tulpen bilden sie ein nobles Frühlingsarrangement. Von der *P.* 'Wanda' abstammende Sorten sind generell etwas zierlicher als die üblichen Primeln. Sie weisen intensivere Farben ins Rotviolette und Granatrote auf.

Aurikeln *(Primula auricula)* sollten in kühlen Gewächshäusern gezogen werden, wo ihre farbenprächtigen Blüten und die oftmals weiß-mehligen Blätter vor Wind und Regen geschützt sind.

Um Primeln immer gut in Schuss zu halten, muss man sie gut wässern und Verblühtes sowie gelb verwelkte Blätter regelmäßig entfernen. Nach der Blüte lassen sich größere Stauden aus der Erde heben, teilen und wieder einpflanzen. Die Samen werden Ende des Frühlings oder Anfang des Sommers ausgesät.

Der Frühling ist da: Vorschlag I

Blühende Zwiebel- und Knollenpflanzen dürfen im Frühjahr nicht fehlen. Bei richtiger Planung können Sie bis zum frühen Sommer immer wieder eine neue Blütenpracht erleben.

Leider sind diese Gewächse recht kurzlebig, so dass es sich empfiehlt, jede Art einzeln einzutopfen und diese

Töpfe dann in einem größeren Behälter zu gruppieren. Sobald eine Blume verblüht ist, nehmen Sie sie einfach heraus und ersetzen sie durch eine blühende.

Als ruhenden Pol in diesem steten Wechsel wählen Sie eine langlebige *Skimmia japonica* 'Rubella'. Während der ersten Frühlingshälfte bestreiten *Primula* 'Miss Indigo', eine tiefblaue Primelart mit weiß geränderten Blütenblättern, sowie die Glockenheide *Erica carnea* 'Myretoun

Ruby', ein Winterblüher mit kräftig rosa Blütchen, den vorderen Topfbereich. *Hedera helix* 'Glacier' mit grün-weiß panaschierten Blättern rankt sich dekorativ über den Behälterrand.

Das weiße Schneeglöckchen *(Galanthus)* und der gelb blühende Winterling *(Eranthis)* zeigen als erste ihre Blüten (die Abbildung zeigt bereits ihre Nachfolger, den späten Krokus *C. tommasinianus* 'Whitewell Purple' bzw. die Schwertlilie *Iris reticulata* 'Harmony'). Sie bilden eine schöne Ergänzung zu dem zartblauen Schneestolz *(Chionodoxa luciliae,* Gigantea-Gruppe). Die gelb-orangenen Blüten von *Narcissus* 'Jetfire' und die cremeweiß-gelben, trompetenförmigen Blüten der *Narcissus* 'Topolino' sorgen im Hintergrund für vertikale Linien. Zur Abrundung wurde eine Liliput-Tulpe *(Tulipa humilis,* Violacea-Gruppe) hinzugesetzt, bildschön mit gelben Augen in lavendelfarbenen Blüten.

Pflanzenporträt

ZWERGNARZISSEN

Die nur 10 bis 30 cm hohen Zwergnarzissen blühen nicht nur mehrere Wochen vor ihren größeren Verwandten, sondern können auch schlechte Witterung besser überstehen – damit eignen sie sich sehr gut als Behälterpflanzen.

Besonders hübsch sind mehrköpfige Arten wie die frühe *Narcissus* 'Tête-à-tête'. Zierlicher und etwas später blühend ist *N.* 'Hawera' (siehe Abbildung), die auf jedem Schaft bis zu fünf kanariengelbe Blüten trägt. Jede Zwiebel kann mehrere Schäfte treiben. Bei der *N.* 'Jumblie' sind diese etwas dünner, sie werden nur etwa 17 cm hoch und tragen kleine goldgelbe Blütenbüschel.

N. 'Pipit' ist eine zart duftende, gelb-weiße Züchtung. Die Blüten von *N.* 'Jack Snipe' sind nur einfarbig, blühen aber dafür extrem lange. Die nickenden, zitronengelben Blüten der *N.* 'Liberty Bells' wirken sehr anmutig und die entzückenden creme-weißen Blüten der *N.* 'Thalia' fallen schon von weitem auf. Etwas größer sind *N.* 'February Gold' (goldgelb) und *N.* 'February Silver' (cremeweiß).

Die Zwiebeln werden Anfang Herbst gesteckt. Sie sollten sich fast berühren und etwa anderthalb mal so tief liegen wie eine Zwiebel dick ist. Verwelkte Blüten immer gleich entfernen, aber die Blätter vor dem Abschneiden mindestens noch 6 Wochen nach der Blüte an der Pflanze belassen, bis sie ganz abgestorben sind. Mit einem Kalidünger können Sie das Blühpotenzial für das folgende Jahr steigern.

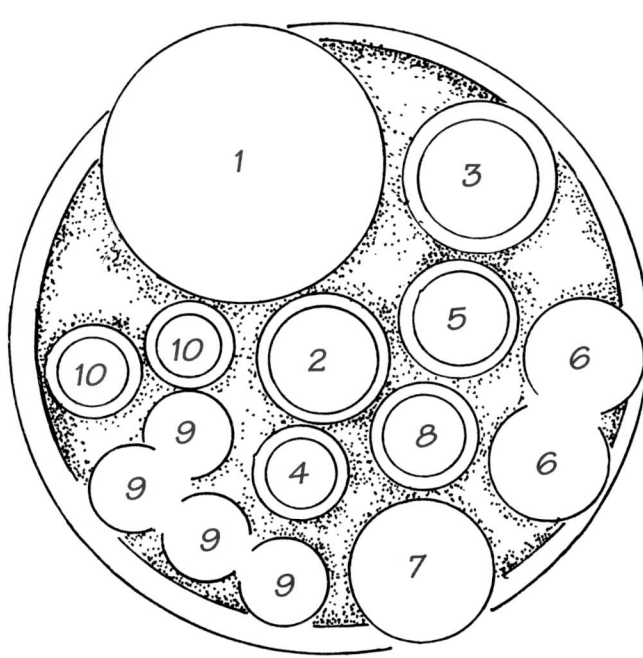

Pflanzplan

1 *Skimmia japonica* 'Rubella'
2 *Narcissus* 'Jetfire'
3 *Narcissus* 'Topolino'
4 *Iris reticulata* 'Harmony'
5 *Tulipa humilis,* Violacea-Gruppe
6 *Erica carnea* 'Myretoun Ruby',
7 *Hedera helix* 'Glacier'
8 *Chionodoxa luciliae,* Gigantea-Gruppe
9 *Primula* 'Miss Indigo'
10 *Crocus tommasinianus* 'Whitewell Purple'

Der Frühling ist da: Vorschlag 2

Noch etwa einen Monat, dann ist die **Blüte der ersten Zwiebelpflanzen** dahin … Mit dem hier gezeigten **Arrangement** können Sie die **Blühperiode** bis in die **zweite Frühlingshälfte** ausdehnen – und vielleicht sogar noch etwas länger. **Ob kunterbunte Mischung oder sorgfältig abgestimmte Farbkombination, liegt ganz bei Ihnen.**

Die Zwergtulpen sind die Leitpflanzen dieser Blumengruppierung. Im Laufe des Frühlings öffnet die Skimmie nach und nach ihre sternförmigen Blüten und die Primeln und die Glockenheide aus dem ersten Frühlingsarrangement von Seite 28/29 werden durch Vergissmeinnicht (*Myosotis sylvatica* 'Blue Ball') ersetzt, deren blaue Blütchen gut mit den Tulpen harmonieren. Die *Tulipa linifolia* 'Bright Gem' (Batalinii-Gruppe) öffnet als erste Tulpe ih-

re Blüten. Sie ist etwa 35 cm hoch und hat aprikosengelbe, am Ansatz dunkelorange überhauchte Blütenkelche. Die scharlachrote *T. praestans* 'Fusilier' blüht sehr üppig und hat pro Schaft mehrere Blüten. Die erdbeerroten, hell umrandeten Blüten der *T.* 'Pinocchio' ragen stolz aus einer Rosette breiter, dunkel gestreifter Blätter empor.

Die ungewöhnlichen orangefarbenen Blütenkelche der *T.* 'Prinses Irene' sind am Ansatz zartviolett überzogen und thronen auf hohen, schlanken Stängeln. Die *T.* 'Sweetheart' mit ihren kräftig zitronengelben, an den Spitzen weißen Blüten bildet dazu einen wirkungsvollen Kontrast.

Größere, später blühende Tulpen begleiten Sie dann bis zum Ende des Frühjahrs. Das Vergissmeinnicht kann nach dem Verblühen durch Stiefmütterchen ersetzt werden, Töpfchen mit Zierlauch *(Allium)* sorgen bis in den Sommer für dekorative Akzente.

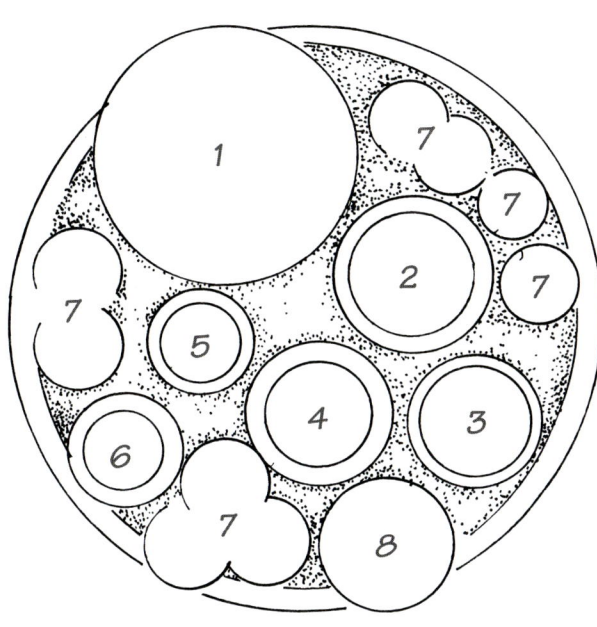

Pflanzplan

1 *Skimmia japonica* 'Rubella'
2 *Tulipa* 'Prinses Irene'
3 *Tulipa* 'Pinocchio'
4 *Tulipa* praestans 'Fusilier'
5 *Tulipa* 'Sweetheart'
6 *Tulipa* linifolia, Batalinii-Gruppe 'Bright Gem'
7 *Myosotis sylvatica* 'Blue Ball'
8 *Hedera helix* 'Glacier'

ZWERGTULPEN

Zwergtulpen sind für eine Behälterbepflanzung besonders gut geeignet. Tulpen gedeihen am besten in gut durchlässigen Böden und in vollsonniger Lage. Pflanzen Sie in einen Topf nur eine oder höchstens zwei verschiedene Sorten, sonst kann es passieren, dass die Tulpen nicht zur gleichen Zeit blühen. Legen Sie die Zwiebeln in Schichten und ganz dicht nebeneinander in die Erde. Decken Sie die Erde mit einer Kiesschicht ab, damit die Blumen beim Gießen nicht durch aufspritzende Erde verschmutzt werden.

Tulipa linifolia ist eine zierliche Sorte mit hellroten Blüten auf etwa 20 cm langen Schäften, *Tulipa l.* 'Bronze Charm' (Batalinii-Gruppe) treibt dagegen sehr hübsche apricot-gelbe Blüten.

Ausgesprochene Frühblüher sind Wildtulpen der Sorten *T. kaufmanniana* oder Waterlily-Tulpen, deren große, offene Blüten an Seerosen erinnern. Die Blütenblätter der *T.* 'Giuseppe Verdi' sind innen goldgelb und außen gelb und hellrot gerändert. Aus den tiefgrünen Blättern der *T.* 'Shakespeare' ragen Blüten in Lachsrosa und Karminrot empor.

Etwas höher und später blühend sind die aus *T. fosteriana* und *T. greigii* gezüchteten Sorten, darunter *T.* 'Cape Cod' (apricot-gelb mit roten Streifen) sowie *T.* 'Purissima' (hoch wachsend und reinweiß; siehe Abbildung).

Sommereinzug

Wenn die frischen Frühlingsfarben allmählich verblassen, um den lebhaft-leuchtenden Sommertönen das Feld zu überlassen, sollte sich das in der ausgehenden Frühlingsbepflanzung widerspiegeln. Leiten Sie den Übergang in den Sommer mit hellen, sonnigen Farben ein – auch wenn das Wetter noch nicht mitspielt!

Die leuchtenden Gelb-, Apricot- und Orangetöne der Ranunkel *Ranunculus* 'Asiaticus' und der Stiefmütterchen *(Viola x wittrockiana)* beherrschen das Bild. Die Kriechspindel *(Euonymus fortunei* 'Emerald'n'Gold') – immergrün, extrem winterhart und mit gelb-grün panaschiertem Blattwerk – trägt zu der Symphonie in Gelb ihren Teil bei. *Hedera helix* 'Kolibri', eine Efeuart mit kleinen, weißbunten Blättchen, hängt dekorativ über den Behäl-

terrand. Kriechspindel und Efeu werden die Stellung halten, wenn die Stiefmütterchen und die Ranunkel schon längst verblüht sind. Die sonnige Sommer-Bepflanzung kann dann mit Studentenblumen *(Tagetes)* und orangefarbenen Geranien *(Pelargonium)* fortgeführt werden.

Für das gezeigte Arrangement wurden gelb-, orange- und apricotfarbene Stiefmütterchen-Sorten gewählt und vor die reingelben Ranunkeln gesetzt, die wie riesige gefüllte Butterblumen wirken. Aus diesen Farbschattierungen ergibt sich ein ausgesprochen sonnig-fröhlicher Gesamteindruck. Verblühtes sollte man regelmäßig entfernen, damit die Stiefmütterchen fleißig weitertreiben. Sollten sie zu stark wuchern, kann man sie zurückschneiden.

Der große, ziegelrote Terrakottatopf passt gut zu den gelben Blüten – und mit ein oder zwei Zusatztöpfen lässt sich das Arrangement abrunden.

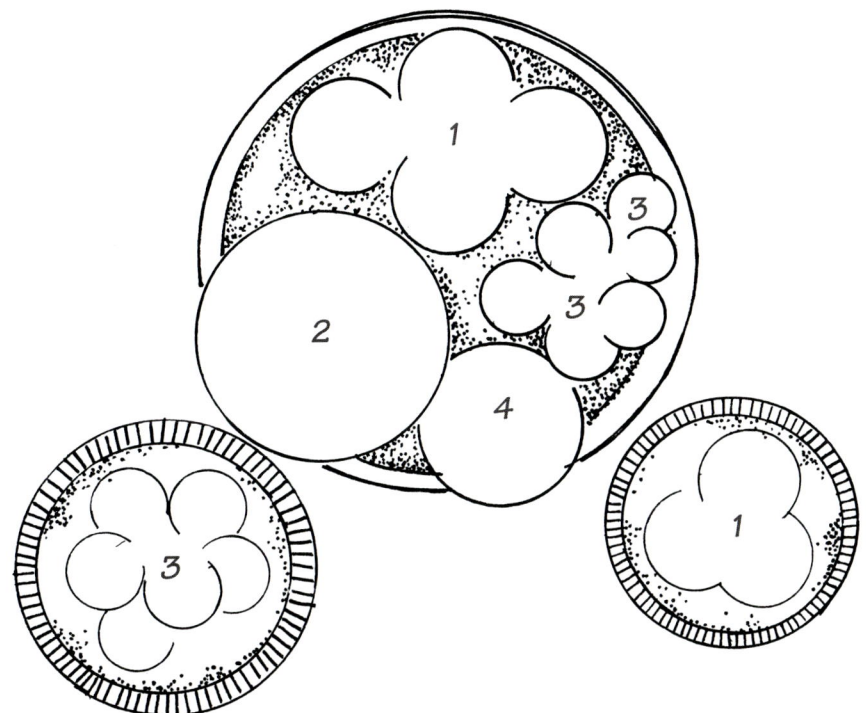

Pflanzplan

1 *Ranunculus Accolade*, gelbe Sorten
2 *Euonymus fortunei* 'Emerald'n'Gold'
3 *Viola x wittrockiana*, Serie 'Ultima' – gelb, apricot, orange
4 *Hedera helix* 'Kolibri'

Pflanzenporträt

KLEINE IMMERGRÜNE

Immergrüne eignen sich bestens für Pflanzkübel. Zu den zuverlässigsten Gewächsen gehört *Euonymus* (Spindelstrauch), insbesondere die Sorten von *E. fortunei* (Kriechspindel), die sowohl Licht wie Schatten vertragen, selten höher werden als 60–90 cm und absolut winterhart sind. Spindelsträucher lassen sich durch Rückschnitt leicht unter Kontrolle halten. Geeignete Sorten von *E. fortunei* wären zum Beispiel 'Emerald'n'Green' mit gelbgrünen Blättern, 'Emerald Gaitey' mit hell gerändarten Blättern, 'Kewensis' , eine kriechende Sorte mit kleinen Blättchen, 'Sunspot' mit goldgelbem Blattinneren und 'Dart's Blanket' mit dunkelgrünen Blättern.

Nicht ganz so winterhart, aber ebenfalls topftauglich ist die Strauchveronika *(Hebe)*. Ihre Zwergformen fühlen sich auch an vollsonnigen Standorten wohl. Im Sommer zeigen sie violette, malvenfarbene oder weiße Blütchen. *H. ochracea* 'James Stirling' (siehe oben) wird bis 45 cm hoch und 60 cm breit und besticht durch winzige, ockergelbe Blättchen. *H. pinguifolia* 'Pagei' hat graublaue Blätter; bei *H.* 'Red Edge' sind sie noch etwas größer und zudem kräftig rot umrandet. *H.* 'Youngii' (syn. *H.* 'Carl Teschner) hat dunkelgrüne und *H. pimeloides* 'Quicksilver' silbergraue Blätter.

Auch Zwerg-Rhododendren und die Besenheide *(Calluna)* sorgen für einen immergrünen Anblick; beide verlangen einen kalkfreien Boden. Winterblühende Heidekrautgewächse *(Erica carnea* und *E. x darleyensis)* dagegen vertragen Kalk besser.

Üppige Bonbonfarben

Diese Pflanzen sind nur bedingt winterhart, entfalten aber dafür den ganzen Sommer über ihre rosa-hellblau-violette Blütenpracht. Sie eignen sich ideal für eine sonnige Terrasse.

Alle vier sind ausgesprochene Sonnenliebhaber. Die Strauchmargerite *Argyranthemum* 'Summit Pink' bildet ein buschiges Polster aus graugrünen Blättchen und unzähligen hellrosa gelbäugigen Blüten. Verwelktes sollte immer gleich entfernt werden, um die Entwicklung neuer Blüten zu fördern. Unmittelbar vor sie wurde die Sternenblume *Isotoma axillaris* gesetzt, die ihre blauen, sternförmigen Blüten unermüdlich bis zum ersten Frost zeigt.

Von rechts hinten spitzt *Angelonia* 'Angel Mist" hervor und sorgt mit ihren langen Stängeln und hellvioletten

Blüten optisch für etwas Höhe. Diese Lavendelart wird bis zu 50 cm hoch und erweist sich immer dann als nützlich, wenn ein Arrangement nach einer Vertikalen verlangt.

Vorne „ergießt" sich die Hängeverbene *Verbena* 'Lanai Bright Pink' über den Behälterrand – mit leuchtend rosa Blüten, die sich wunderschön vor dem dunkelblauen Keramikgefäß abheben. Mit zunehmendem Alter verblassen die

Blüten zu einem etwas zarteren Rosa, so dass die Verbene dann zwei verschiedene Farbtöne aufweist – eine reizvolle Bereicherung. Zudem neigt diese Pflanze dazu, sich mit ihren rankenden Stängeln dekorativ zwischen ihren Mitbewohnern auszubreiten.

Da diese vier Pflanzen als empfindlich bis bedingt winterhart gelten, müssen sie während der kalten Monate an einem frostfreien Ort untergestellt werden.

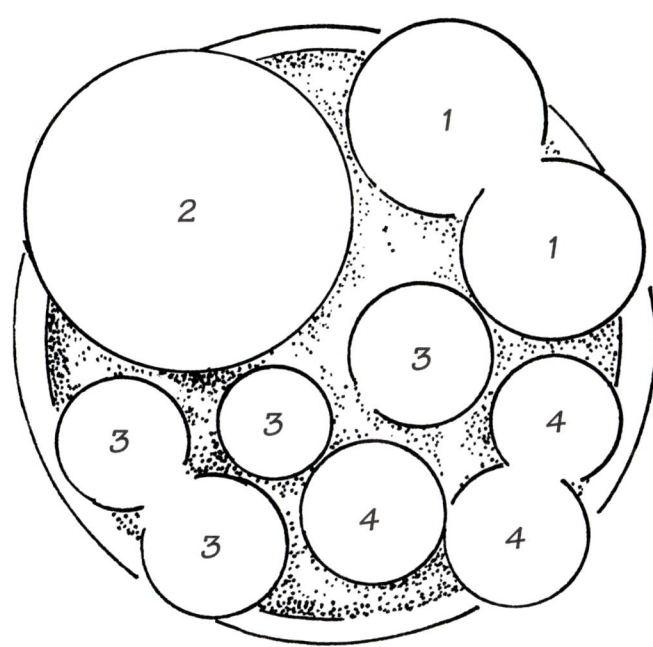

Pflanzplan

1 *Angelonia* 'Angel Mist'
2 *Argyranthemum* 'Summit Pink'
3 *Isotoma axillaris* (auch *Laurentia axillaris*)
4 *Verbena* 'Lanai Bright Pink'

Pflanzenporträt

VERBENEN (EISENKRAUT)

In den letzten Jahren haben die Pflanzenzüchter verschiedene Verbenen-Arten kombiniert und eine Serie neuer Sorten (Hybriden) gekreuzt, die noch kompakter, noch reicher verzweigt und noch wuchsfreudiger sind – und vor allem mehltauresistent. Diese neuen Züchtungen eignen sich hervorragend als Kübel- oder Hängepflanzen für sonnige Stellen. Es gibt zwar schon jede Menge farbenprächtige, einjährige Verbenen zum Aussäen, die sich in Beeten und Rabatten bestens bewährt haben, aber für Pflanzgefäße sind die mehrjährigen, kriechenden Sorten einfach besser geeignet.

Die Farben der doldenartig angeordneten winzigen Blüten variieren je nach Sorte von leuchtendem Rot über Hell- und Dunkelviolett bis zu zartem Pink und Weiß. Die Verbenen der Serie 'Diamond' sind etwas großwüchsiger und robuster als die meisten anderen Sorten und haben kürzere Ausläufer: *V.* 'Diamond Merci' blüht samtig-violett, *V.* 'Diamond Butterfly' zeigt hellrosa Blüten mit dunklen Augen und *V.* 'Diamond Rhodonit' präsentiert sich in lebhaftem Scharlachrot. Die Verbenen der Serie 'Temari' und 'Lanai' gibt es in allen nur erdenklichen Farbschattierungen (Verbena 'Lanai Scarlet' – siehe Abbildung).

Die Sorten der 'Tapien'-Serie blühen pink oder violett; sie sind zierlicher, haben farnartige Blätter und kleine Dolden mit sternförmigen Blüten und fünf Blütenblättchen. Die Verbenen der Serie 'Splash' zeichnen sich durch aufrechten Wuchs und rosa, violett oder blau gesprenkelte Blüten aus.

Prärie zu Hause

Wegen ihrer grazilen Formen, ihrer reizvoll gefärbten Blätter und ihrer Blütenrispen finden Ziergräser überall ihre Liebhaber. Darüber hinaus sind sie wie geschaffen für die Kübelhaltung, denn wenn sie zu groß werden, kann man sie einfach herausnehmen, teilen und woanders wieder einpflanzen.

Grundsätzlich können so gut wie alle Gräser – selbst das riesige Chinaschilf *Micsanthus* – problemlos in Behältern gezogen werden, obwohl es bei einigen Arten nicht allzu lange dauert, bis sie herauswachsen und umgesetzt werden müssen. Am besten geeignet sind daher niedrig wachsende Arten wie die Schwingel-Gräser *(Festuca)*.

Die beiden Pflanzbehälter enthalten eine Ansammlung von Ziergräsern, die den Betrachter regelrecht zum

„Streicheln" auffordern. Das gilt vor allem für das *Stipa tenuissima* ganz hinten im größeren Kübel, das bezeichnenderweise auch Engelshaargras genannt wird. Es hat schlanke, weiche Halme sowie feingefiederte Blütenrispen. Mit seinen Samen ist es sehr freigiebig, so dass Sie problemlos Nachwuchs ziehen können. Das Riedgras *Carex flagellifera* rechts daneben hat sanft gebogene, bronzefarbene Halme, die sich dekorativ mit den etwas härteren, silberblauen Blättern des Blauschwingels (*Festuca glauca* 'Elijah Blue') verhakeln. Der Schlangenbart (*Ophiopogon planiscapus* 'Nigrescens') rechts vorne ist streng genommen gar kein Gras, sondern ein immergrünes Liliengewächs mit schwarzen Blättern, macht sich aber hier sehr schön als niedrige Füllpflanze.

Die einzeln eingetopfte *Festuca glauca* 'Golden Toupee' mit ihren hellgelben Halmen ergänzt das Hauptgefäß.

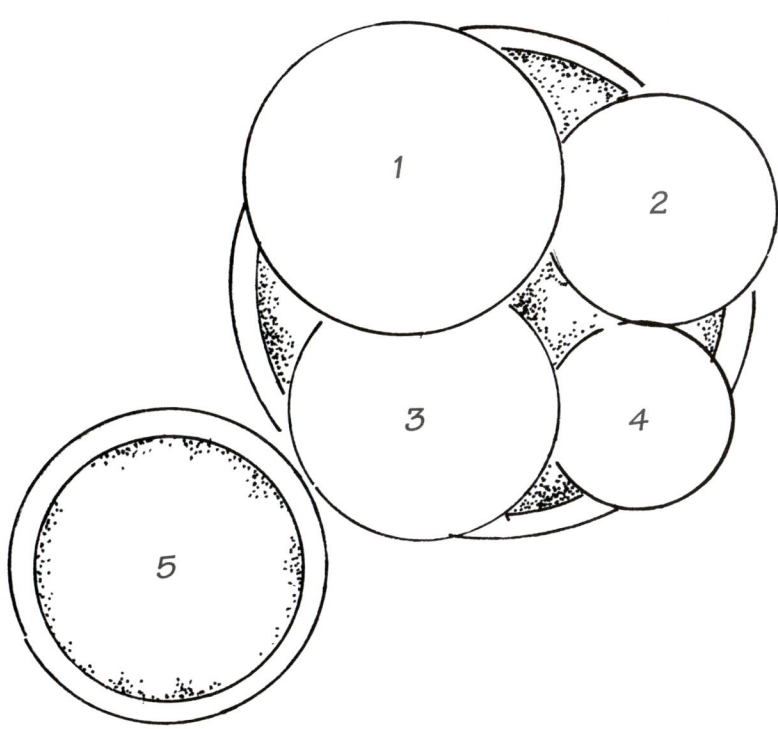

Pflanzplan

1 *Stipa tenuissima*
2 *Carex flagellifera*
3 *Festuca glauca* 'Elijah Blue'
4 *Ophiopogon planiscapus* 'Nigrescens'
5 *Festuca glauca* 'Golden Toupee'

Pflanzenporträt

STIPA-GRÄSER

Gräser wirken sanft und beruhigend, die vielfältigen Formen ihrer Halme und Blütenstände harmonieren besonders gut mit natürlichen Materialien wie Holz und Schiefer.

Zu den genügsamsten Pflanzen dieser Art gehören die Gräser der Familie *Stipa* (Süß-, Feder- oder Pfriemengräser), die sowohl immergrüne, als auch nichtimmergrüne Arten umfasst. Selbst in den Herbst- und Wintermonaten bieten sie einen reizvollen Anblick.

Das immergrüne *S. arundinacea* (siehe Abbildung) bildet eindrucksvolle Büschel aus dunkelgrünen geneigten Halmen, die sich dekorativ über den Behälterrand neigen und sich im Laufe des Sommers orangerot verfärben. Im Gegensatz zu den anderen Arten verträgt diese sogar etwas Schatten. Das Rau- oder Silberährengras (*S. calamagrostis*) bildet dichte, blaugrüne Polster, aus denen sich im Sommer silberviolette Blütenstände erheben.

Wenn Ihnen eine Pflanze vorschwebt, die trotz ihrer imposanten Größe nicht dominiert, sollten Sie das Riesenfedergras (*S. gigantea*) wählen. Im Sommer ragen aus einem Büschel gebogener dunkelgrüner Blätter die etwa 1,80 m langen Halme empor. Später zeigt dieses Gras feine, silbrige Blütenrispen, die sich im Herbst goldbraun verfärben.

Anfang des Frühlings sollten verwelkte Halme der immergrünen Arten entfernt und nicht-immergrüne Arten zurückgeschnitten werden. Allzu kräftig wuchernde Horste lassen sich Anfang Sommer durch Teilung bändigen.

Lila, Pink und Blau

Ein kunterbuntes Durcheinander der Pflanzen in einem Kübel kann zwar lustig und lebhaft wirken, aber meistens empfiehlt es sich doch, die Farbtöne aufeinander abzustimmen. In der Regel passen warme Farben wie Rot, Gelb und Orange sehr schön zusammen; Ähnliches gilt für kühlere Farben wie Pink, Weiß und Blau.

Mit dieser geradezu klassischen Farbkombination können Sie eigentlich nie falsch liegen – hier wird sie in einem eckigen verzinkten Metallgefäß gelungen in Szene gesetzt. Silber und Grau bilden den Hintergrund für praktisch jede andere Farbe, von üppigen Grün- bis zu hellsten Rosatönen. Metallbehälter sollten an einem Ort stehen, der hell, aber nicht der prallen Sonne ausgesetzt ist, da die Erde sonst sehr rasch austrocknet.

Den Hintergrund bilden drei 'Fireworks'-Geranien *(Pelargonium)*, die an zahlreichen kräftigen langen Stängeln Unmengen sternförmiger hellrosa Blüten hervorbringen. Auch die andersfarbigen Sorten der Serie „Fireworks" sind einen Versuch wert; alle wachsen aufrecht und sind wahre Blütenwunder.

Links davor steht ein Purpurglöckchen *Heuchera* 'Amethyst Mist', eine winterharte mehrjährige Staude, die sich nicht nur mit reizenden Blüten, sondern auch mit silbergeäderten, oberseits rot-violetten und unterseits weinroten Blättern schmückt. Einen reizvollen Kontrast bildet nicht nur die hellere Geranie, sondern auch der lavendelblaue Elfenspiegel *Nemesia* 'Blue Lagoon'.

Als Alternative könnte man weißen „Firework"-Pelargonien eine silberblättrige *Heuchera* 'Quicksilver' und eine duftende, ebenfalls weiße *Nemesia* 'Innocence" beigesellen.

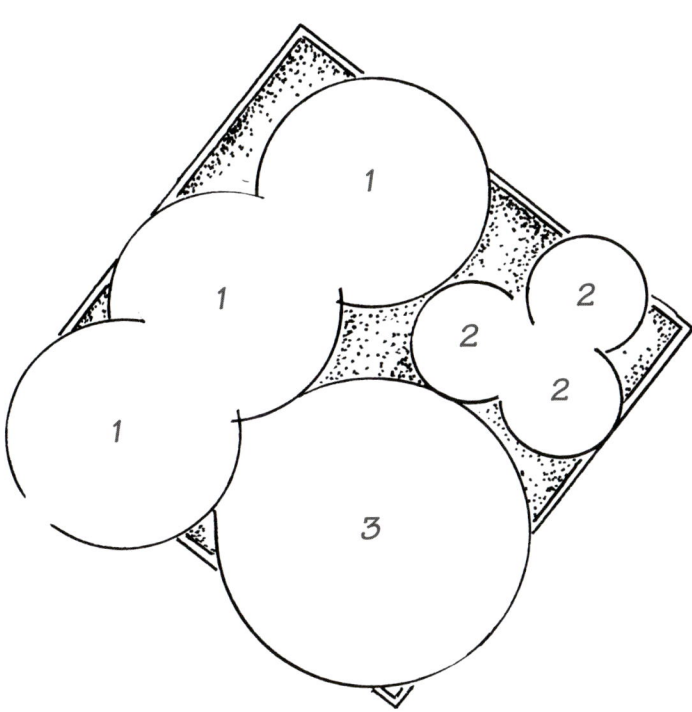

Pflanzplan

1 *Pelargonium* 'Fireworks'
2 *Heuchera* 'Amethyst Mist'
3 *Nemesia* 'Blue Lagoon'

Pflanzenporträt

ELFENSPIEGEL (NEMESIA)

Wenn Sie eine Pflanze suchen, die den ganzen Sommer über blüht, leicht duftet und dazu noch genügsam ist, liegen Sie mit dem Elfenspiegel genau richtig. Er ist zwar nicht absolut winterhart, lässt sich dafür aber durch Stecklinge im Sommer leicht vermehren.

Elfenspiegel treiben kurze Stängel, die zahlreiche winzige Blüten tragen. Die Farbpalette reicht von Blau über Pink bis Weiß. Nur wenige Pflanzen blühen so ausdauernd – und durch regelmäßiges Abzupfen der abgeblühten Stängel lassen sich immer wieder neue Blüten fördern.

Da sie Ausläufer bildet, eignet sich diese Pflanze auch gut für Hängeampeln oder als Beipflanze in größeren Behältern, wo sie anmutig über den Rand herabhängt, dabei aber die Blütenköpfchen keck nach oben reckt. In Nachbarschaft mit Elfensporn *(Diascia)* oder einer Kapmargerite *(Osteospermum)* ist eine fortlaufende Blütenpracht garantiert.

Nemesia denticulata 'Confetti' hat rosa Blüten und duftet stark; an einem gut geschützten Ort kann sie gelegentlich sogar draußen überwintern. Die ausnehmend schöne, malvenblaue *N.* 'Blue Lagoon' und die duftende, weißblütige *N.* 'Innocence' vertragen hingegen keinerlei Frost. Es kann sich auch lohnen, nach *N. caerulea* 'Woodcote' – dunkelblaue Blüten mit gelben Augen – und *N.* 'Melanie' (zart lavendelfarbig, siehe Abbildung) zu suchen.

Manche mögen's trocken: Vorschlag I

Für ausnehmend heiße, trockene Standorte bieten sich in erster Linie natürlich Pflanzen an, die aus entsprechend warmen Ländern stammen. Die hier gezeigten Pflanzen stammen von Arten ab, die in sonnenverwöhnten Regionen Europas beheimatet sind – sie können solche kargen Bedingungen also gut vertragen.

Pflanzen mit silbrigen oder grauen, schmalen, behaarten oder fleischigen Blättern sind im Allgemeinen am besten gegen Sonne und Trockenheit gewappnet – dazu gehören viele Kräuter, Zwergsträucher und mehrjährige Stauden.

Ganz hinten im Hauptbehälter steht ein *Rosmarinus officinalis* 'Tuscan Blue'. Seine schmalen, würzig-duftenden Blättchen verfeinern jedes Fleischgericht. Die hellblauen Blüten erscheinen bereits früh im Jahr, mit etwas Glück

gibt es im Herbst eine Nachblüte. An den Rosmarinstrauch schmiegt sich das niedrige, graugrüne Polster eines Lavendels (*Lavandula stoechas* subsp. *pedunculata*), der zu Sommerbeginn lange, an der Spitze mit rosa-violetten Blüten besetzte Scheinähren austreibt. Wie alle Lavendelarten besitzt auch diese schmale, aromatisch duftende Blätter. Die Italienische Strohblume oder Currykraut (*Helichrysum italicum* subsp. *serotinum*) zeigt im Sommer hellgelbe Blüten und besitzt längliche silbrige Blätter, die unverwechselbar nach Curry duften. Der beste Standort für diesen Duftkasten ist auf einer Terrasse oder neben einer Haustür, wo man sich jedesmal im Vorbeigehen an den Wohlgerüchen erfreuen kann.

Der kleine Topf wurde mit einem *Lavandula* x intermedia 'Twickel Purple' bepflanzt. Er wächst kompakt und schmückt sich mit violetten Blüten.

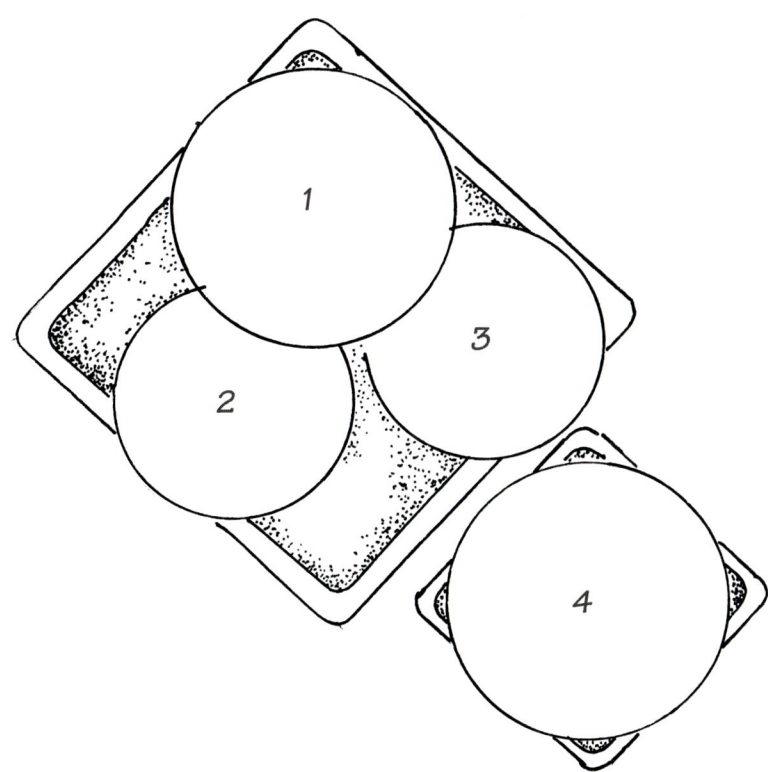

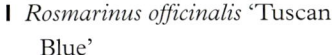

Pflanzplan

1 *Rosmarinus officinalis* 'Tuscan Blue'

2 *Lavandula stoechas* subsp. *pedunculata*

3 *Helichrysum italicum* subsp. *serotinum*

4 *Lavandula* x intermedia 'Twickel Purple'

Pflanzenporträt

MITTELMEERPFLANZEN

Viele Pflanzen mediterranen Ursprungs können als Kübelpflanzen auch in gemäßigteren Klimazonen gut gedeihen. Im Sommer fühlen sie sich am wohlsten auf einer geschützten, sonnigen Terrasse. Im Winter können Sie den Behälter entweder gut gegen Frost isolieren oder in einem kühleren Gewächshaus oder Wintergarten unterbringen.

Die umfangreichste Gruppe von Pflanzen, die aus der Mittelmeerregion stammt, sind die Geranien (*Pelargonium*, siehe Seite 109). Ihre knallig leuchtenden Blütenfarben und die hübschen Blätter verschönern so manchen Balkon. Es gibt sie als hängende und aufrechte Arten und auch mit duftenden Blättern. Einige nehmen bei gutem Frostschutz geradezu gigantische Ausmaße an.

Die meisten Mittelmeerblumen blühen in lebhaften, fast grellen Farben, wobei Zinnoberrot, Orange und Pink besonders hervorstechen. Das auffällige Rotviolett einer Bougainvillee (siehe Abbildung) verleiht jeder weiß getünchten Hauswand sofort eine lebendige Note. Die Engelstrompete (*Brugmansia*) besticht durch ihre riesigen, trichterförmigen Hängeblüten. Aber Vorsicht, wenn Sie Kinder haben: Die ganze Pflanze ist giftig!

Auch Pflanzen mit silbrigen oder grauen, filzigen, behaarten oder wolligen Blättern rufen Urlaubserinnerungen wach – zum Beispiel die Königskerze (*Verbascum*), aber natürlich auch Palmen oder andere exotisch anmutende Pflanzen von auffälligem Wuchs.

Manche mögen's trocken: Vorschlag 2

Lichtarme Stellen mit kargem, trockenem Erdreich – etwa an einer Hauswand, einer Mauer oder unter einer hohen Hecke – lassen sich nur sehr schwer oder überhaupt nicht bepflanzen. Hier bietet ein Topf oder Kübel wieder einmal die Lösung, vor allem, wenn die Pflanzen gelegentliche Trockenheit überhaupt nicht übel nehmen.

Der immergrüne Neuseelandflachs *Phormium* 'Jester' gedeiht sowohl im Schatten als auch bei gelegentlicher Trockenheit. Er fühlt sich aber auch an einem Standort wohl, an dem es feucht und sonnig ist. Zu Füßen seiner langen, rötlich-hellen spitzen Blätter breitet sich das *Geranium macrorrhizum* 'Ingwersen's Variety' aus – eine robuste, mehrjährige Geraniensorte mit fruchtig duftenden Blättern, die im Frühjahr zahllose hellrosa-weißliche

Blüten zeigt. Im Herbst bis in den Winter verfärben sich ihre Blätter rot und orange. Nur wenige Sträucher können es an Zähigkeit mit dem Spindelstrauch *Euonymus fortunei* aufnehmen – wobei sich die Sorte 'Emerald Gaiety' als ganz besonders genügsam erweist.

Abgerundet wird diese robuste Gruppe durch das kleine, ausdauernde Immergrün *Vinca minor f. alba* 'Gertrude Jekyll', das dicht mit grünen Blättchen besetzte

Ausläufer bildet und sich im Frühling und Sommer mit reinweißen Blüten schmückt.

Obwohl all diese Pflanzen bei Trockenheit nicht gleich eingehen, sollte man sie nach Möglichkeit doch regelmäßig gießen, um ein üppiges Blattwachstum zu fördern. Mit Ausnahme des Spindelstrauches lassen sie sich im Frühjahr teilen und woanders weiterziehen, falls es in dem Topf zu eng wird.

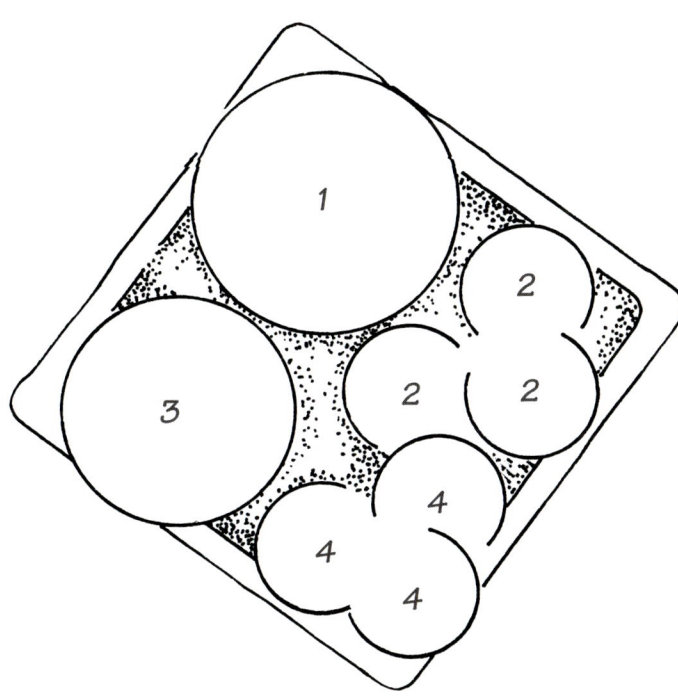

Pflanzplan

1 *Phormium* 'Jester'
2 *Geranium macrorrhizum* 'Ingwersen's Variety'
3 *Euonymus fortunei* 'Emerald Gaiety'
4 *Vinca minor f. alba* 'Gertrude Jekyll'

Pflanzenporträt

SCHATTENPFLANZEN

Für viele Gärtner sind lichtarme Ecken eher lästig, da schwer bepflanzbar. Es gibt jedoch eine ganze Reihe von Pflanzen, die einen kühlen schattigen Standort bevorzugen.

Ist der Boden dazu noch sehr trocken, dann gibt es nur eine Möglichkeit: Bepflanzen Sie ein hübsches Gefäß mit ausgewählten Pflanzen und gestalten Sie den Bodenbelag aus Kies oder Steinplatten. Das Pflanzgefäß sollte möglichst hell sein, um wenigstens einen Teil der spärlichen Sonnenstrahlen einzufangen. Kombiniert mit dekorativen Steinen oder ein paar gemusterten, unbepflanzten Töpfchen kann aus einer tristen Ecke dann ein interessanter Blickfang werden.

Wer Schatten liebende Pflanzen in Behältern zieht, kann den Wasserbedarf besser regulieren – und mit genügend Feuchtigkeit gute Standortbedingungen für die Pflanzen schaffen. Als Sträucher kommen dann zum Beispiel Euonymus, Phormium (siehe Gestaltungsvorschlag links), Zwergrhododendron, Pieris, Zimmeraralie *(Fatsia japonica)*, Hydrangea (siehe Abbildung), Kamelie, Japanischer Ahorn *(Acer palmatum* und *A. japonicum)* und Aukube *(Aucuba)* in Frage. Zu den mehrjährigen Schattenstauden zählen die immergrüne Elfenblume *(Epimedium)*, der gelb blühende Frauenmantel *(Alchemilla mollis)*, alle Funkien-Arten *(Hosta)*, Günsel *(Ajuga)* und Lungenkraut *(Pulmonaria)*.

Um die Erde in den Behältern gleichmäßig feucht zu halten, lohnt sich vielleicht sogar ein Tropfbewässerungssystem.

Duft-Ideen

Viele Pflanzen sprechen nicht nur einen, sondern alle Sinne an. Gräser und Bambus beispielsweise sind nicht nur angenehm anzufassen, sondern rascheln auch leise im Wind, was sehr entspannend sein kann. Doch neben dem Sehen steht sicherlich das Riechen an zweiter Stelle – schön, dass es so viele duftende Pflanzen gibt.

Dieses Topf-Trio ist prall gefüllt mit Duftpflanzen, die nicht nur dem Auge, sondern auch der Nase einiges zu bieten haben. Der ideale Standort wäre deshalb gleich neben einem Weg oder in der Nähe Ihres Sitzbereiches, damit Sie die vielfältigen Düfte auch voll genießen können.

Von allen Pflanzen duften Lilien zweifellos am intensivsten. Sie sollten allerdings vor dem Kauf beachten, dass es auch geruchslose Arten gibt. *Lilium* 'Joy' (syn. L. 'Le

Rêve') besticht durch ihre großen rosa Blüten, die einen betörenden Duft verströmen. Verglichen mit den übrigen Pflanzen dieses Ensembles ist ihre Pracht jedoch nur von kurzer Dauer; deshalb sollte man sie in einen separaten Topf setzen, damit sie nach dem Verblühen problemlos entfernt werden kann. Aufgestreuter Kies rundet den Gesamteindruck dekorativ ab.

Die Blüten des Schmuckkörbchens (*Cosmos atrosanguineus*) duften eindeutig nach … Schokolade! Wie ihre duftenden Nachbarinnen – die Geranie *Pelargonium* 'Lady Plymouth' und die Sonnenwende *Heliotropium arborescens* 'Marine' mit ihren blau-violetten intensiv nach Vanille duftenden Blüten – bevorzugt diese ungewöhnliche Pflanze viel Sonne und einen gut durchlässigen Boden.

Im dritten Topf klettern Duftwicken (*Lathyrus odoratus*, bunte Patio-Mischung) an kurzen Holzstäbchen empor.

LILIEN

Lilien haben eine eiserne Konstitution, die man ihnen angesichts ihres exotisch-zarten Erscheinungsbildes gar nicht zutraut.

Von den hochwüchsigen Arten und Sorten über 1,50 m duften die Trompetenlilien (Aurelia-Hybriden/Königslilien) am betörendsten. Was Höhe und Duft angeht, sind die weiß blühende *Lilium regale* (siehe oben) und die Sorten der *L.* Pink Perfection-Gruppe immer eine gute Wahl. Asiatische Lilien sind geruchlos, machen das aber durch kräftige Stängel und leuchtende Blütenfarben wett.

Seit einiger Zeit gibt es neue Lilien-Züchtungen, in denen sich der Duft und die Farbpalette der großen Lilien mit den stabilen Stängeln der kleineren Arten verbindet – es sind also ideale Kübelpflanzen. Die Blüten der *L.* 'Fata Morgana' präsentieren sich in einem kräftigen Goldgelb, während sich die weißen Blütenblätter der *L.* 'Garden Party' jeweils mit einem gelben Streifen schmücken. *L.* 'Mona Lisa' hat gesprenkelte rosarote Blüten, die zu den Rändern hin hellrosa auslaufen.

Die Zwiebeln werden im Herbst oder Anfang des Frühlings gesteckt. Lilien mögen einen feuchtigkeitsspeichernden, aber gut durchlässigen Boden. In halbschattiger Lage halten sich die Blüten etwas länger. Die meisten Arten vertragen Kalk im Boden, nur nicht die asiatischen Hybriden. Nach Ablauf der Blühperiode sollten die Zwiebeln reichlich mit Kalidünger versorgt werden, damit sie im folgenden Jahr wieder kräftig Blüten treiben. Die Töpfe im Winter an einen geschützten Ort stellen.

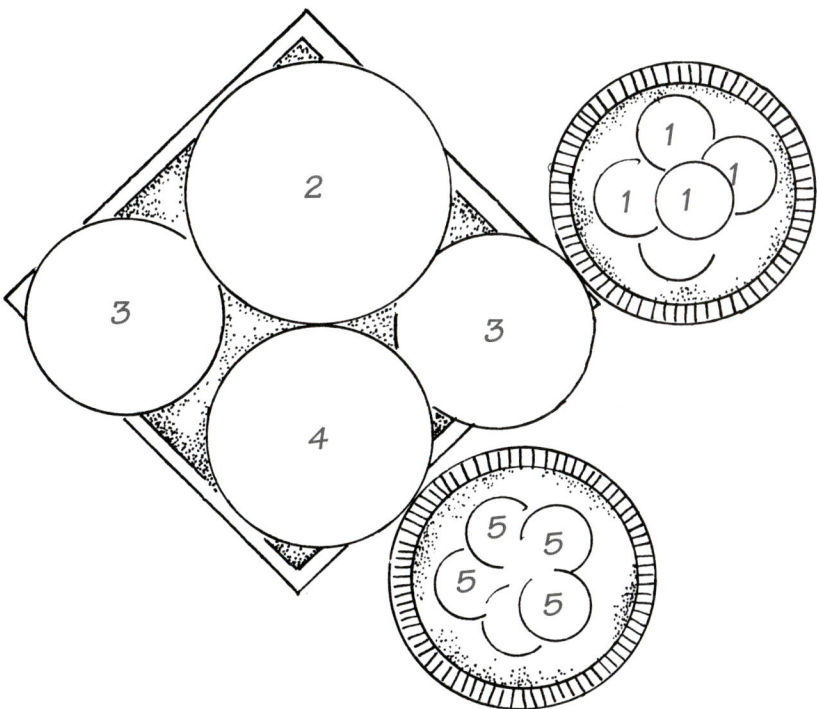

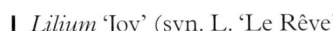

Pflanzplan

1 *Lilium* 'Joy' (syn. *L.* 'Le Rêve')
2 *Cosmos atrosanguineus*
3 *Pelargonium* 'Lady Plymouth'
4 *Heliotropium arborescens* 'Marine'
5 *Lathyrus odoratus* (bunte Patio-Mischung)

Wassergärtchen

Für einen romantischen Miniteich mit dekorativen Pflanzen, die im Wasser zu Hause sind oder in feuchter Umgebung gedeihen, brauchen Sie keine Erde auszuheben. Um sich diesen Traum zu erfüllen, brauchen Sie nur einen stabilen, mit Wasser gefüllten Behälter.

Wasserdicht muss er natürlich sein – aber im Prinzip lässt sich fast jeder Behälter abdichten, vom alten Waschbecken bis zur Viehtränke. Hier wurde ein halbiertes Holzfass an einem sonnigen Ort aufgestellt und mit einer rot blühenden Zwergseerose (*Nymphaea* 'Pygmaea Rubra') bepflanzt. Die schlanke, hohe Teichsimse *(Typha minima)* und die blau blühende *Iris laevigata* 'Variegata' mit ihren gelb panaschierten Blättern sorgen für senkrechte Linien.

Alle drei wurden in Kunststoff-Gitterkörbe in spezielle Wasserpflanzen- bzw. Teicherde gepflanzt.

Als Alternative zu der Seerose kommen Schwimmpflanzen wie die fliederfarbene Wasserhyazinthe *(Eichhornia crassipes)* oder der Wassersalat *(Pistia stratiotes)*, auch Muschelblume genannt, in Frage. Beide müssen im Winter vor Frost geschützt werden.

Das bunte Laub der Houttuynie *(Houttuynia cordata* 'Chameleon'), auch Eidechsenschwanz genannt, lockert in einem Einzelgefäß den Vordergrund farblich auf. Diese feuchtigkeitsliebende Pflanze ist mehrjährig und gedeiht zur Not auch in trockenem Boden. Aber sobald sie es schön feucht hat, schießt sie regelrecht ins Kraut!

Ihr gegenüber steht eine Funkie *(Hosta* 'Blue Moon') – ebenfalls eine dankbare Behälterpflanze, die sich in der Nähe von Wasser besonders wohl fühlt.

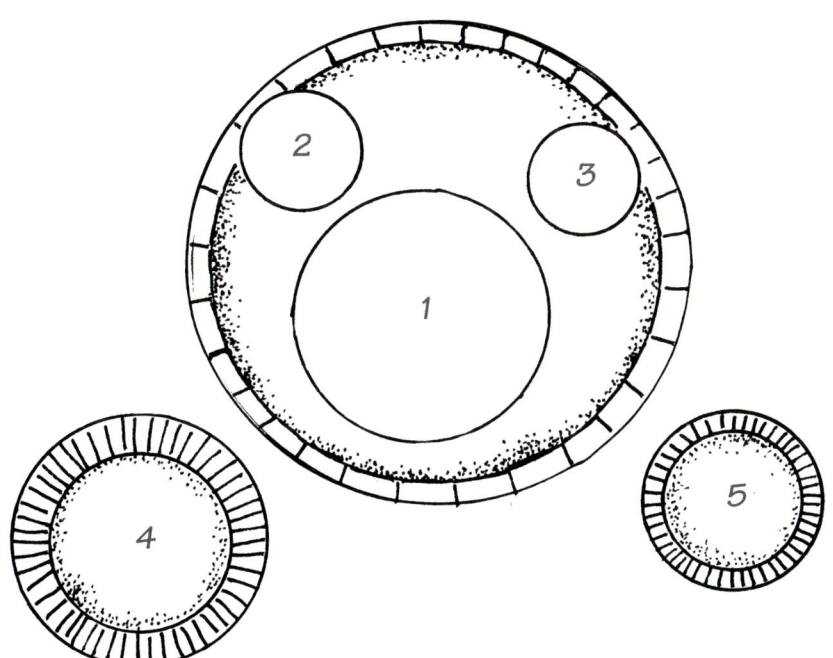

Pflanzplan

1 *Nymphaea* 'Pygmaea Rubra'
2 *Typha minima*
3 *Iris laevigata* 'Variegata'
4 *Houttuynia cordata* 'Chameleon'
5 *Hosta* 'Blue Moon'

Pflanzenporträt

SEEROSEN

Selbst auf einem Balkon braucht man auf den Anblick schwimmender Seerosen *(Nymphaea)* nicht zu verzichten. Zwerg-Seerosen brauchen nicht viel mehr als 50 cm Wassertiefe. Bewegtes Wasser mögen sie allerdings nicht – widerstehen Sie also der Versuchung, gleich einen Springbrunnen mit einzuplanen! Diesen sollten Sie besser in einen Extra-Behälter einbauen.

Viele Seerosen breiten sich über eine Fläche von 1,60 m oder mehr aus und würden schnell aus den meisten Kübeln hinauswachsen. Es gibt jedoch einige Zwergformen, die sich ideal für Miniteiche eignen: *N. tetragona*, eine zart duftende Sorte, die reinweiße Blüten mit gelben Augen zeigt; die gelb blühende *N.* 'Pygmaea Helvola' und *N.* 'Pygmaea Rubra', deren anfangs rosarote Blüten sich blutrot verfärben. Alle breiten sich höchstens 45 cm aus.

Seerosen wachsen aus knotigen Wurzelstöcken (Rhizome) und werden Anfang des Sommers in Gitterkörbe eingepflanzt. Das Substrat sollte schwer und lehmig sein; am besten nehmen Sie spezielle Teicherde. Stecken Sie die Rhizome nicht allzu tief in die Erde und decken Sie den Korb anschließend mit einer Schicht aus gewaschenem Kies ab. Mit Ziegelsteinen wird der Korb dann so im Behälter platziert, dass der oberste Teil der Pflanze etwa 10 cm unterhalb des Wasserspiegels liegt. Sobald die Seerose gut angewurzelt ist, kommt sie ein Stückchen tiefer ins Wasser.

Bezaubernde Blätter

Während Blühpflanzen oft nur für kurze Zeit ihre bunte Pracht entfalten, bieten reine Blattpflanzen über weitaus längere Zeit oder sogar das ganze Jahr über einen erfreulichen Anblick. Bei guter Zuwendung sind die Pflanzen in diesem Sextett im Herbst noch genauso hübsch anzuschauen wie im Frühling.

Die Leitpflanze ist der Honigstrauch *(Melianthus major)*, der seine gefiederten Blätter majestätisch über seinen Mitbewohnern ausbreitet. Er ist extrem starkwüchsig und kann in einer einzigen Saison bis zu 1,80 m hoch werden. An einem geschützten, sonnigen Standort bleibt er immergrün.

Rechts unter seinem Blätterdach steht ein Kissenpurpurglöckchen x *Heucherella* 'Kimono' mit dichten, silber-

grünen Blättern. Dieser Bodendecker produziert im Frühjahr und Sommer lange Ausläufer mit winzigen weißen Blütenähren. Einen Kontrast dazu bildet das tief burgunderrote Blattwerk des Purpurglöckchens *Heuchera* 'Chocolate Ruffles'.

Einen goldgelben Farbtupfer liefert die Segge *Carex oshimensis* 'Evergold' – ein graziles, immergrünes Gras, das dichte Horste aus panaschierten Blättern bildet. Im Vordergrund steht *Helichrysum petio-*

lare 'Silver'. Dieser kleine Strauch hat lange Triebe mit behaarten silbrigen Blättchen, ist aber nicht absolut winterfest. Sofern der Behälter groß genug ist, dürften sich die übrigen Pflanzen darin jedoch auf Jahre wohl fühlen.

Die *Heuchera* 'Cherries Jubilee' ist eine buschige Staude mit weinroten Blättern und hellroten Glockenblüten an biegsamen Stängeln. Sie bildet in einem Extratopf die Vorhut.

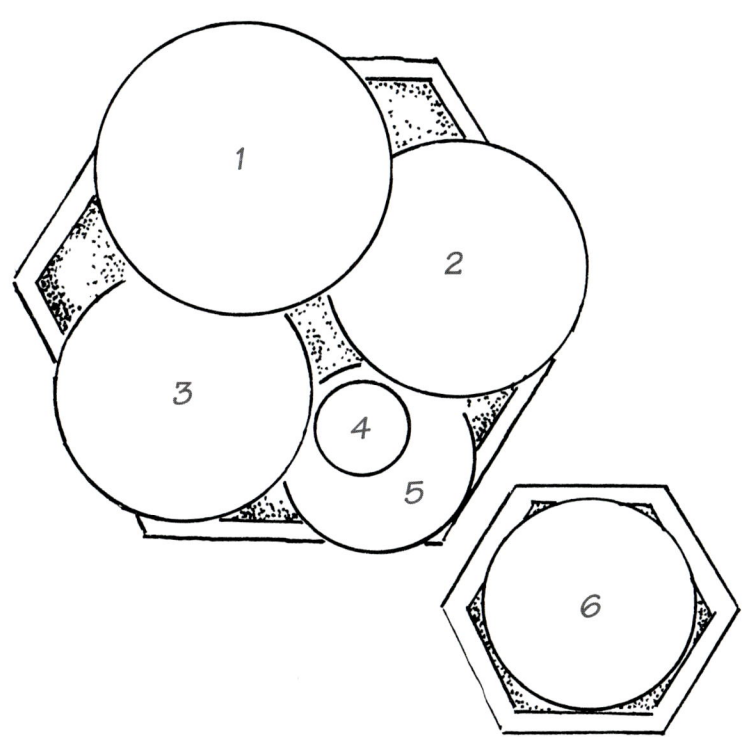

Pflanzplan

1 *Melianthus major*
2 *x Heucherella* 'Kimono'
3 *Heuchera* 'Chocolate Ruffles'
4 *Carex oshimensis* 'Evergold'
5 *Helichrysum petiolare*
6 *Heuchera* 'Cherries Jubilee'

Pflanzenporträt

PURPURGLÖCKCHEN

Schon wegen ihrer farbenprächtigen Blätter verdienen Purpurglöckchen einen Platz in jedem Garten, zumal sie winterfest und mehrjährig sind. Die Palette der Blattfarben reicht von Pflaumenviolett über Schokoladenbraun bis zum tiefsten Weinrot.

Purpurglöckchen gedeihen am besten an einer vollsonnigen oder höchstens leicht schattigen Stelle. Sie bevorzugen einen relativ feuchtigkeitsspeichernden, aber im Winter gut durchlässigen Boden. Obwohl das Laub das eigentlich Attraktive an dieser Pflanze ist, bieten Anfang des Sommers auch die weißen, rosafarbenen oder roten Blütchen einen reizvollen Anblick. An einem geschützten Ort bleiben die Pflanzen immergrün.

Mit seinen leicht zerknittert wirkenden, schokoladenbraunen Blättern macht *H.* 'Chocolate Ruffles' seinem Namen alle Ehre. Die reinweißen Blüten von *H.* 'Ebony and Ivory' erheben sich reizvoll aus einem dunklen Blattwerk, während *H.* 'Fireworks' ein Blütenfeuerwerk in Lachsrosa bietet. Die purpurnen Blätter von *H.* 'Amethyst Myst' und *H.* 'Cancan' (siehe Abbildung) sind zart-silbrig geädert. *H.* 'Pewter Moon' hat grau-marmorierte Blätter mit tiefrosa Unterseiten. Die roten Blüten von *H.* 'Snow Storm' kommen über den cremeweiß-grünen Blättern besonders hübsch zur Geltung.

Die fleischigen Wurzelstöcke der Purpurglöckchen sind leider ein gefundenes Fressen für Rüsselkäfer-Larven – andere Schädlinge und Krankheiten können ihnen kaum etwas anhaben.

Schattenkabinett

Viele Pflanzen, die wegen ihrer schönen Blätter gehalten werden, sind auch gut schattenverträglich – auch wenn die Musterungen an lichtarmen Stellen weniger ausgeprägt sind. Für diese interessante Zusammenstellung wurden Farne mit verschiedenen Blättern ausgewählt, kombiniert mit Funkien und einer Schaumblüte.

Von allen Pflanzengruppen sind Farne am schattenverträglichsten; zudem entfalten ihre meist weichen, federartigen Blätter in allen möglichen Größen und Formen einen ganz besonderen Reiz. Die Wedel des stattlichen Wurmfarns *Dryopteris filix-mas* 'Crispa Cristata' sind bereits 60 cm hoch und bilden das Rückgrat dieser Bepflanzung. Die etwas zarteren Wedel von *D. erythrosora* sind in der Jugend kupferfarben getönt und passen hervorragend zu den kur-

zen, frischgrünen Wedeln des Wendeltreppenfrauenfarns *Athyrium filix-femina* der ungewöhnlichen Sorte 'Frizelliae'.

Auch Funkien sind ideale Behälterpflanzen, zumal sie hier weniger von Schnecken heimgesucht werden als im Freiland. Sie fühlen sich unter feucht-schattigen Bedingungen ebenso wohl wie an einem sonnigen Plätzchen.

Die elegante Funkie *H.* 'Snowden' besitzt mittelgroße Blätter an langen Stielen und treibt im Sommer schmucke weiße Blütentrichter an langen, schlanken Stängeln. Die *H.* 'Golden Tiara' links vorne wächst etwas kompakter und schmückt sich mit gelbgeränderten Blättern.

Die Schaumblüte (*Tiarella* 'Iron Butterfly') wird vor allem wegen ihrer ungewöhnlich gemusterten Blätter und ihrer weichen Blütentrauben gehalten. In einem Einzeltopf kommt sie gut zur Geltung und blüht wochenlang.

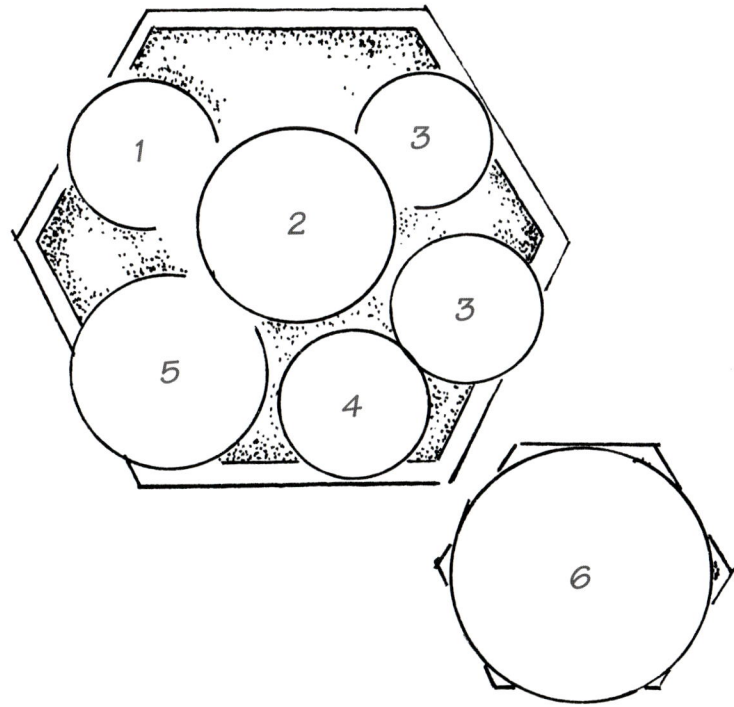

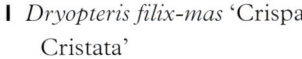

Pflanzplan

1 *Dryopteris filix-mas* 'Crispa Cristata'
2 *Hosta* 'Snowden'
3 *Dryopteris erythrosora*
4 *Athyrium filix-femina* 'Frizelliae'
5 *Hosta* 'Golden Tiara'
6 *Tiarella* 'Iron Butterfly'

Pflanzenporträt

FARNE

Farne bieten rund ums Jahr einen interessanten und faszinierenden Anblick – vom Frühling, wenn sie ihre Wedel graziös entrollen, bis zum Herbst, wenn sie sie wieder einziehen. Sie brauchen ein kühles, schattiges Plätzchen.

Farne lassen sich sehr gut in Behältern ziehen, allerdings darf man sie nie im Trockenen stehen lassen. Die zarten tropischen Farnarten halten sich nur als Zimmerpflanzen, wo sie in Feuchträumen wie Bad und Küche gut aufgehoben sind. Die meisten anderen Farne sind jedoch winterhart. Bis auf wenige Ausnahmen bevorzugen sie neutralen bis alkalischen Boden, also ganz normale Blumentopferde. Besonders hübsch wirken sie in ausgehöhlten Baumstämmen und anderen natürlich wirkenden Behältern.

Viele Farne sterben nach dem ersten Frost ab; einige Wurmfarne *(Dryopteris)* behalten ihre Wedel allerdings bis in den Winter hinein. Andere Arten, wie z. B. der Streifenfarn *Asplenium scolopendrium,* sind immergrün. Belassen Sie die alten Wedel an der Pflanze, damit das Herz im Winter etwas geschützt ist. Sobald jedoch neue Wedel hervorspitzen, sollten die alten abgeschnitten werden.

Es gibt viele Arten und Sorten von Farnen. Zu den Frauenfarnen *(Athyrium)* gehören u.a. der bis zu 1,20 m hohe *A. filix-femina* und der niedrigere, aber sehr in die Breite wachsende Brokatfarn *A. niponicum* var. *pictum* mit silbrigen Wedeln. Der Straußfarn *(Matteuccia struthiopteris,* siehe Abbildung) wirkt imposant und trägt seinen Namen zu Recht.

Dünenstimmung

Mit einem schönen Gefäß und ausgesuchten Gewächsen kann man sich eine kleine Oase ganz nach eigenem Geschmack schaffen – und ein wenig in ferne Gefilde entführen lassen. Wie wäre es mit einem Hauch von Strand und Dünen? Der meeresgrüne Keramiktopf vermittelt die maritime Grundstimmung für Ihre Mini-Landschaft.

Der Blickfang dieses Ensembles ist die mächtige Blattrosette der büscheligen Palmlilie *Yucca filamentosa* 'Bright Edge', deren schwertförmige Blätter auffällig gelb umrandet sind. Einen schönen Kontrast dazu bildet die Walzenwolfsmilch *Euphorbia myrsinites* mit ihren blaugrün bereiften Blättern an langen kriechenden Ausläufern, die lässig über den Topfrand herabhängen. Eine Lage kleiner Kieselsteine auf dem Substrat verbirgt die

Erde und betont die Struktur der Yucca. Dazu arrangierte Minitöpfchen mit verschiedenen Sukkulenten runden die Bepflanzung im Hauptbehälter ab.

Für eine solche Naturszenerie kann man gar nicht genügend Kübel und Töpfe zusammenstellen. Hier tummeln sich zu Füßen des Hauptbehälters mehrere Terrakotta-Töpfchen mit Hauswurz (*Sempervivum*) und Fetthennen (*Sedum*), beide sind gut trockenheitsverträglich.

Rechts gesellt sich ein Neuseeländer Flachs (*Phormium* 'Bronze Baby') hinzu, ein bis zu 60 cm hohes Zwerggewächs, dessen imposante bronzerote Blattrosette einen gelungenen Akzent setzt.

Einige „zufällig" verstreute Flußkiesel und Muschelschalen, etwas Treibholz, ein Stückchen Hanfseil und was Ihnen sonst noch einfällt, geben dem kleinen Dünen-Ambiente den letzten maritimen Pfiff.

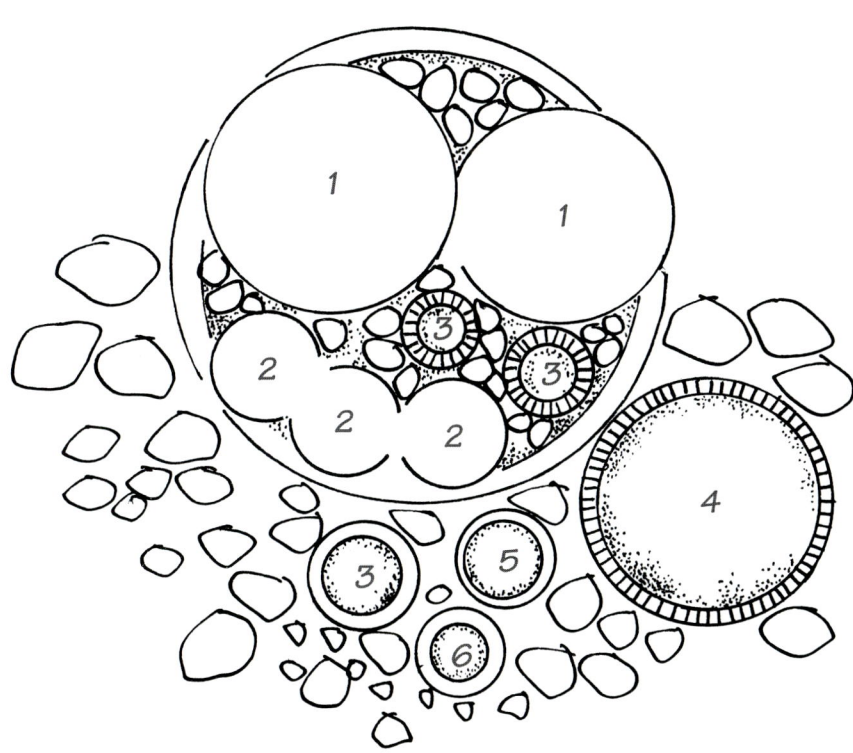

Pflanzplan

1 *Yucca filamentosa* 'Bright Edge'
2 *Euphorbia myrsinites*
3 *Sempervivum arachnoideum*
4 *Phormium* 'Bronze Baby'
5 *Sedum acre* 'Aureum'
6 *Sedum humifusum*

Pflanzenporträt

NEUSEELÄNDER FLACHS

Der immergrüne Neuseeländer Flachs fühlt sich eigentlich überall wohl, ob in praller Sonne oder im Halbschatten. Er gehört zu den widerstandsfähigsten und genügsamsten Kübelpflanzen überhaupt und kann in vielen Regionen problemlos im Freien überwintern. Stellen Sie den Kübel aber an einen geschützten Ort, da die Pflanze bei Staunässe oder erfrorenen Wurzeln leicht fault. Phormium kann man im Frühjahr oder Anfang des Sommers vorsichtig teilen.

Die beiden Hauptarten *P. cookianum* und *P. tenax* würden aus einem Pflanzbehälter relativ rasch herauswachsen, aber es gibt sie auch als Zwergzüchtungen, die nur 0,75 bis 1,20 m hoch werden. Bei einigen Sorten sind die riemenförmigen oder schwertförmigen Blätter locker nach außen gebogen, bei anderen ragen sie steil empor und nur die Spitze kippt etwas nach außen. Zu den besten Sorten gehört *P. cookianum* subsp. *hookeri* 'Cream Delight', die mit ihren breiten, hell gestreiften Blättern garantiert jede noch so triste Ecke verschönert. *P.* 'Evening Glow' hat eine ähnliche Wuchsform und besitzt Blätter in verschiedenen Rosatönen, die sich in einem blauen Gefäß besonders dekorativ machen. *P.* 'Jester' wächst sehr aufrecht und hat dunkelrosa, hellgrün umrandete Blätter, während die erdbeerroten Blätter von *P.* 'Pink Panther' (siehe Abbildung) burgunderrote Ränder haben.

Garten am Meer

Wer an der Küste wohnt, hat in seinem Garten mit Problemen zu kämpfen, über die man sich im Landesinneren keine Gedanken zu machen braucht. Das größte Problem ist die salzhaltige Luft, die gerade jungen und empfindlichen Pflanzen schaden kann. Hier lässt sich mit einem Windschutz Abhilfe schaffen.

Alle hier gezeigten Sträucher können Seeluft gut vertragen, solange sie windgeschützt stehen. Die Pflanzbehälter sind passend zum Küstenthema türkis und meeresgrün glasiert oder bemalt. Mit Ausnahme der Fuchsie sind alle Pflanzen immergrün.

Als größter Strauch fällt sofort die Mexikanische Orangenblume *Choisya* 'Aztec Pearl' ins Auge. Sie sollte gleich nach der Blüte sorgfältig zurückgeschnitten werden, um

ihre kompakte Wuchsform zu erhalten. Im Frühjahr und Anfang Sommer trägt sie duftende weiße Blüten und wächst zu einem dichten Blattwerk heran.

Der kleinere Topf vor ihr enthält eine *Brachyglottis monroi*. Sie breitet sich flach aus und treibt gräuliche, olivgrüne Blätter, die sich an den Rändern dekorativ kräuseln. Auch dieser Strauch mit seinen hellgelben, margeritenähnlichen Blüten sollte durch Rückschneiden gebändigt werden.

Rechts davon steht eine Strauchveronika *(Hebe rakaiensis)* mit winzigen, ovalen Blättchen, die im Sommer mit reinweißen Blütenähren erfreut. Die anfangs hellgrünen Blätter der stark verzweigten Klebsame *(Pittosporum tenuifolium* 'Tom Thumb') links vorn spielen mit zunehmendem Alter ins Rötliche.

Die gleichnamige Fuchsie ganz links außen bringt den ganzen Sommer über zarte, rot-violette Blüten hervor.

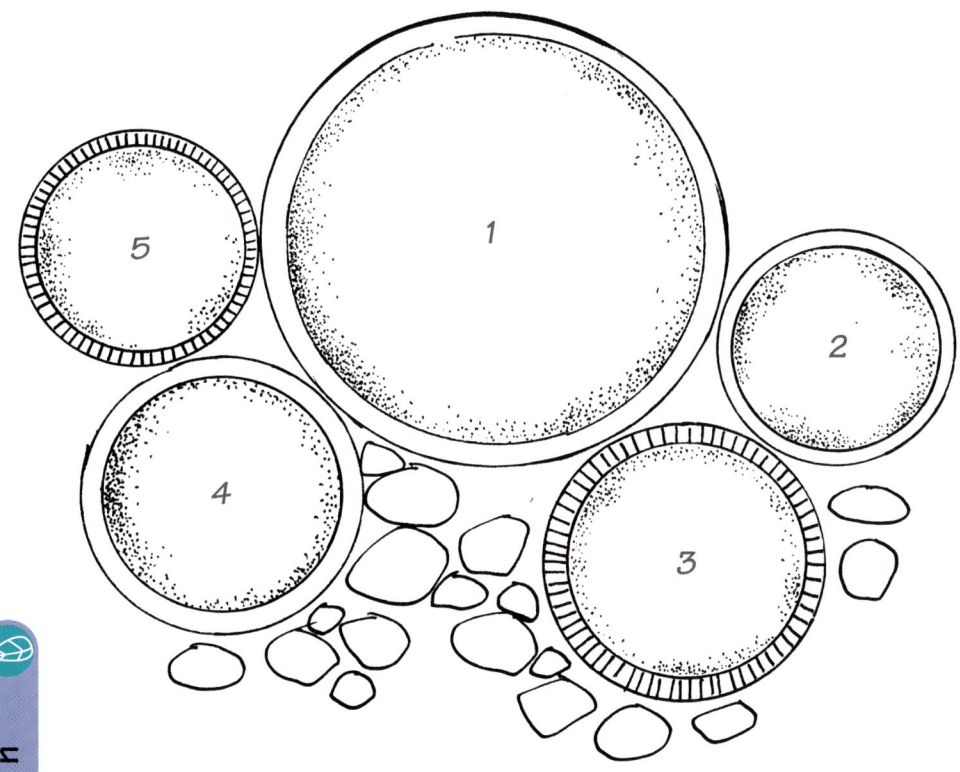

Pflanzplan

1 *Choisya* 'Aztec Pearl'
2 *Hebe rakaiensis*
3 *Brachyglottis monroi*
4 *Pittosporum tenuifolium* 'Tom Thumb'
5 *Fuchsia* 'Tom Thumb'

Pflanzenporträt

KÜSTENPFLANZEN

Die meisten Pflanzen in Küstennähe leiden unter den salzhaltigen Winden, es gibt jedoch einige Arten, denen das nichts ausmacht, sofern sie einigermaßen windgeschützt stehen.

So ein Windschutz kann durch eine feine Maschendrahtwand oder eine immergrüne Hecke aus salz- und windresistenten Gewächsen wie Ölweide *(Eleagnus)* oder Griselinia erzielt werden. Hinter einem solchen Windschutz gedeihen viele Sträucher, Koniferen und andere Mehrjährige – ob in Behältern oder direkt in der Gartenerde.

Zu den immergrünen Gewächsen gehören der Erdbeerbaum *(Arbutus unedo,* siehe Abbildung), der allerdings selbst aus den größten Behältern rasch herauswächst, ferner die Mexikanische Orangenblume *(Choisya ternata),* die Baumheide *(Erica arborea)* und der Andenstrauch *(Escallonia).* Die Keulenlilie *(Cordyline)* wird vor allem wegen ihrer besonderen Wuchsform gehalten. Auch niederwüchsige Immergrüne wie Lavendel *(Lavandula),* Wacholder *(Juniperus)* und Zwergkiefern *(Pinus)* dürften gut gedeihen. In frostgefährdeten Gebieten sollten Sie die Behälter im Winter mit Noppenfolie oder alten Decken isolieren und das Blattwerk mit Gartenvlies schützen.

Von den Laub abwerfenden Sträuchern seien noch die rot-violette *Fuchsia magellanica,* die Tamariske *(Tamarix)* mit federähnlichen rosa Blütentrauben und die Hortensien *(Hydrangea)* erwähnt, die in Meeresnähe ebenfalls in großen Behältern gehalten werden können.

Schön und schmackhaft

In vielen Gärten lohnt es sich nicht, extra einen Gemüsegarten anzulegen – entweder weil der Boden nicht gut genug ist oder schlicht, weil es zu wenig Platz gibt. Einige Gemüsepflanzen lassen sich jedoch ohne allzu großen Aufwand in Behältern ziehen. Dieser Mini-Gemüsegarten liefert leckeren Salat, Bohnen und Tomaten.

'Hestia' ist eine Zwergfeuerbohne, die nur 45 cm hoch wird. Sie schmückt sich üppig mit rot-weißen Blüten, aus denen sich später fadenlose Bohnen entwickeln. Sie braucht lediglich eine kleine Kletterhilfe und Abgeblühtes muss regelmäßig abgepflückt werden, um die Fruchtbildung zu fördern.

Auch kleinwüchsige Tomatenpflanzen (Cocktailtomaten) lassen sich gut in Behältern ziehen. 'Totem' F1 ist

eine besonders buschige Sorte, die mittelgroße Früchte produziert und sich gut mit der Feuerbohne verträgt.

Salate mit bunten und dekorativen Blättern bieten nicht nur etwas fürs Auge, sondern auch für den Magen! Wir haben rasch wachsende Sorten ausgewählt, die man je nach Bedarf blattweise zupfen kann, also nicht als Ganzes aus dem Boden holen muss. Die weinroten Blätter der Sorte 'Red Salad Bowl' machen sich vor den krausen, hellgrünen 'Frillice' besonders hübsch.

Die Zierbehälter aus Glasfasermaterial sind in einer matten, grauen Farbe gehalten, in denen das saftig-üppige Blattwerk der Gemüsepflanzen besonders gut zur Geltung kommt.

Die *Ipomoea* 'Mini Sky Blue' ist eine Zwergsorte der Himmelblauen Trichterwinde. Sie klettert an gewundenen Metallstäben empor und bringt etwas Farbe ins Spiel.

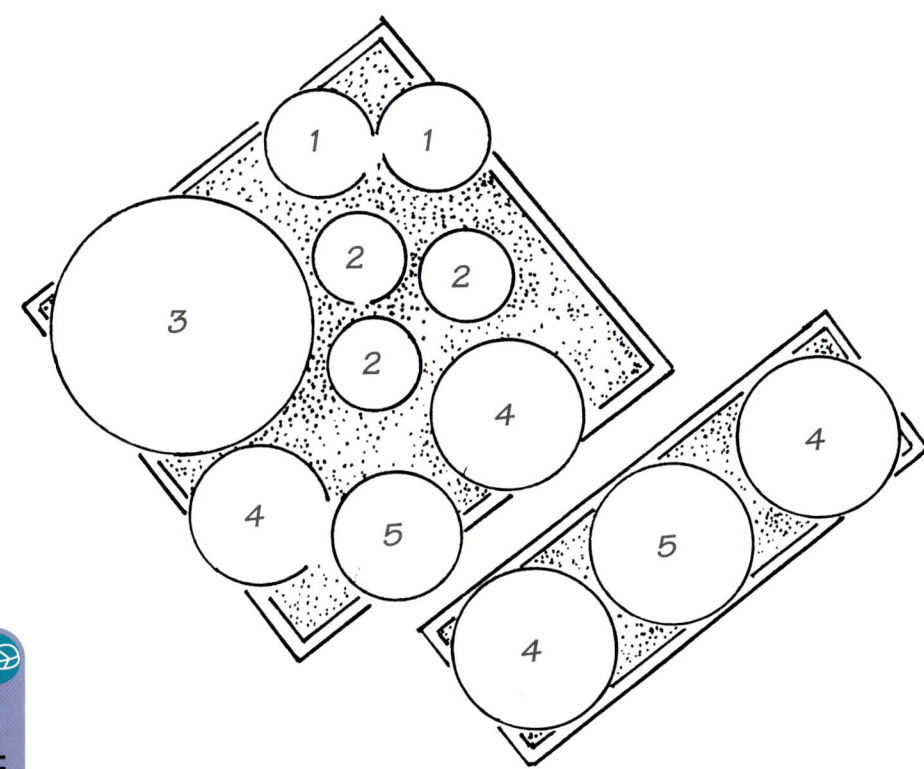

Pflanzplan

1 *Ipomea* 'Mini Sky Blue'
2 *Feuerbohne* 'Hestia'
3 *Zwergtomate* 'Totem' F1
4 *Salat* 'Red Salad Bowl'
5 *Salat* 'Frillice'

Pflanzenporträt

GEMÜSEPFLANZEN

Selbst auf kleinstem Raum lässt sich irgendwo eine Gemüsepflanze unterbringen. Rasch reifende Pflanzen wie Salat, Radieschen, Rote Beete und runde Karotten sind für die Kübelhaltung am besten geeignet. Man kann sie in Anzuchtschalen einzeln aus Samen ziehen oder direkt in das Pflanzgefäß säen und dann nach Bedarf auslichten. Wenn Sie zu verschiedenen Zeitpunkten aussäen, können Sie wochenlang ernten. Auch Erbsen und Bohnen lassen sich mühelos in Kübeln heranziehen – hier empfehlen sich in jedem Fall Zwergformen, die keine Kletterhilfen brauchen. Ein paar Kräuter wie Petersilie oder Salbei kombiniert mit ein paar Duftwicken (*Lathyrus odoratus*) und rosa Nelken (*Dianthus*) – und schon entsteht eine heimelige Landhaus-Atmosphäre.

Anspruchsvollere Gemüsearten wie Tomaten und Gurken benötigen mehr Zuwendung, aber wenn man sie stets feucht hält und reichlich düngt, steht einer guten Ernte nichts im Weg. Auch Paprika, Chillies (siehe Abbildung) und Auberginen sind einen Versuch wert.

Stellen Sie die Kübel an einen vollsonnigen Standort, damit die Früchte gut reifen können. Im Wurzelbereich sollte es allerdings etwas kühler sein. Das lässt sich erreichen, indem man um das Gefäß herum einzelne Töpfchen mit einjährigen Blumen verteilt. Mit einer Mulchschicht lässt sich Feuchtigkeit im Boden speichern.

Zum Anbeißen

In großen Behältern lässt sich nicht nur Gemüse, sondern auch Strauchobst kultivieren. Verteilen Sie einfach ein paar Beerensträucher auf Ihre größten Töpfe und stellen Sie diese so auf, dass Sie die süßen Früchtchen bequem vom Liegestuhl aus pflücken und genießen können.

Schon zwei, drei Behälter reichen aus – und wenn Sie von extrem starkwüchsigen Arten wie Himbeeren und Brombeeren einmal absehen, stehen Ihnen zahlreiche Sträucher zur Auswahl, die einer Zierpflanze an Schönheit nicht nachstehen. Und sollte ein Strauch zeitweilig etwas an Attraktivität einbüßen, können Sie ihn ja einfach an eine weniger auffällige Stelle schieben oder hinter bunten Blumentöpfen verstecken.

Erdbeeren gehören zweifellos zu den beliebtesten Kübelpflanzen. In Plastik- oder Terrakottagefäßen nehmen sie weniger Fläche in Anpruch und werden überdies weniger von Schnecken heimgesucht.

Zu dem hier gezeigten Ensemble gehört die unermüdlich treibende 'Aromel', die Johannisbeersorte 'Industria' und die Stachelbeere 'Invicta'. Alle wurden als Hochstämmchen gezogen, um der Pflanzengruppe Höhe und Struktur zu verleihen. Mit der Heidelbeere 'Bluecrop' wird ein reizvoller Akzent gesetzt.

Wenn der Standort nicht extrem heiß, aber sonnig ist, dürfen Sie mit einer guten Ernte rechnen. Ganz wichtig ist reichlich Wasser, eine Schicht aus Rindenmulch hält die Feuchtigkeit länger im Boden. Ein paar kleinere Töpfchen mit Walderdbeeren runden die wohlschmeckende Gruppe ab.

Stellen Sie sich vor, Sie gehen einfach auf Ihre Terrasse hinaus und pflücken eine Hand voll Heidelbeeren für Ihren selbstgebackenen Obstkuchen. Bereits ein einziger Strauch liefert Früchte für den Hausgebrauch.

Die Sträucher tragen Trauben mit blauvioletten, leicht weißlich bereiften Beeren, die von Mitte bis Ende Sommer über mehrere Wochen heranreifen. Durch Kochen oder Einmachen wird der Geschmack noch intensiver. Heidelbeersträucher haben aber optisch noch mehr zu bieten als ihre leckeren Früchte. Sie schmücken sich im Frühjahr mit kleinen, weißen Blüten und im Herbst mit herrlich rotem oder goldgelbem Laub. Da sie je nach Sorte 1,20 m bis 1,80 m hoch werden können, eignen sich nur die kompaktwüchsigen Zwergzüchtungen für den Kübelgarten.

Obwohl Heidelbeersträucher selbstfruchtbar sind, empfiehlt es sich, zwei oder mehr Sorten nebeneinander zu pflanzen, um den Ertrag zu steigern. Sie bevorzugen sauren, kalkfreien Boden, der immer gut feucht, aber nicht zu nass sein sollte. Die Heidelbeere liebt die Sonne, verträgt aber keine extreme Hitze; auch im Halbschatten fühlt sie sich noch recht wohl.

Da die Beeren erst an zwei- bis dreijährigen Zweigen erscheinen, fällt die Ernte anfangs eher mager aus. Junge Sträucher brauchen kaum beschnitten zu werden, lediglich die schwachen Triebe sollten entfernt werden. Später können Sie jedes Jahr auslichten.

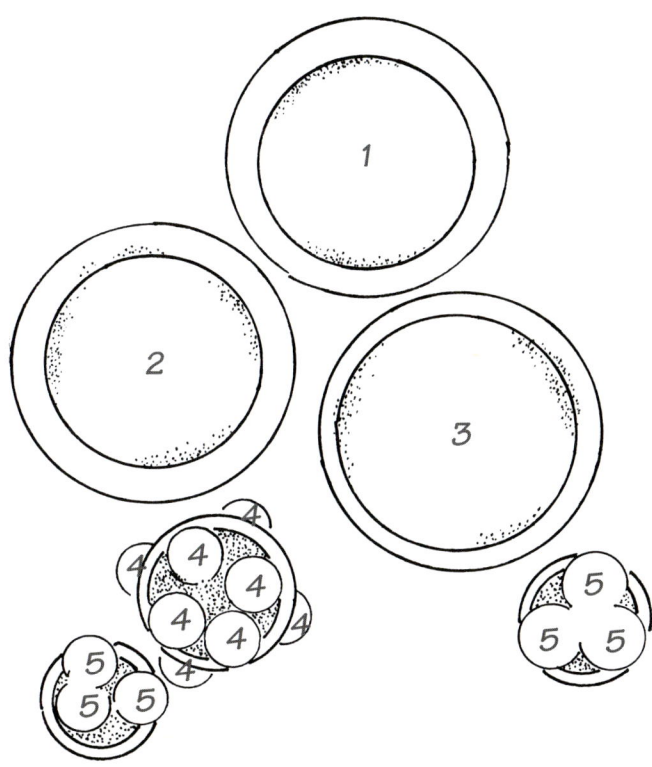

Pflanzplan

1 *Johannisbeere* 'Industria'
2 *Stachelbeere* 'Invicta'
3 *Heidelbeere* 'Bluecrop'
4 *Erdbeere* 'Aromel'
5 *Walderdbeere* 'Semperflorens'

Kletternde Clematis

Soll ein Pflanzkübel besonders hoch und imposant wirken, ob als Blickpunkt auf der Veranda oder neben der Haustür, zieht man am besten eine Kletterpflanze an einem Gerüst hoch.

Dieses Clematis-Trio rankt an einem pyramidenförmigen Spaliergerüst empor, das sich aus einem großen, quadratischen Holzkübel erhebt. Bei der Auswahl der Sorten wurde darauf geachtet, dass sich die verschiedenen Blütenfarben während der zweiten Sommerhälfte harmonisch ergänzen. Da es sich um Spätblüher handelt, können sie im Frühjahr radikal zurückgeschnitten werden. Es wurden drei Clematis-Sorten eingesetzt, um ein reizvolles Farbenspiel zu erreichen: Das erfordert allerdings einen sehr großen Behälter.

Die kräftigste der drei Waldreben – wie die Clematis auch genannt wird – ist die *C.* 'Huldine' mit hell-perlrosa Blüten. Da sie 3,60 m und höher werden kann, müssen ihre Zweige und Triebe behutsam durch die Spalieröffnungen hindurchgewunden werden. Die *C.* 'Gravetye Beauty' zeichnet sich durch scharlachrote, elegant nach oben geöffnete Tulpenblüten aus. Die malvenfarbenen Blüten der *C.* 'Victoria' haben einen Durchmesser von fast 10 cm und sind damit die größten. Als Alternativen kämen die lavendelblaue *C.* 'Arabella', die himmelblaue *C.* 'Prince Charles' oder die kräftig violette *C.* 'Polish Spirit' in Frage.

Wenn irgend möglich, sollte der Kübel im Schatten anderer Pflanzen liegen, damit der Wurzelbereich kühl bleibt. Während der Wachstumsperiode sollten Sie die Pflanzen reichlich wässern und alle 14 Tage düngen. Die zarten neuen Ausläufer bindet man am besten immer gleich an.

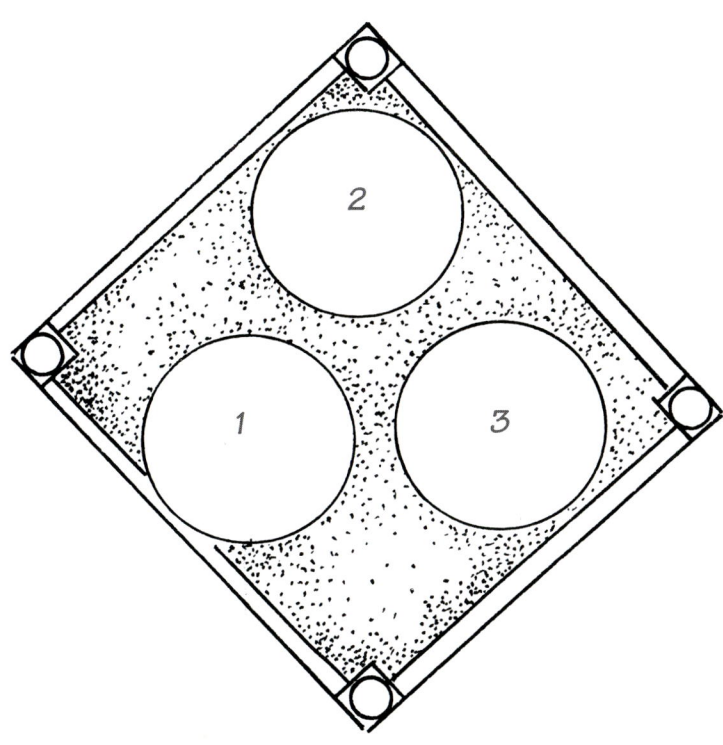

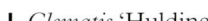

Pflanzplan

1 *Clematis* 'Huldine'
2 *Clematis* 'Gravetye Beauty"
3 *Clematis* 'Victoria'

Pflanzenporträt

KLETTERPFLANZEN

Die meisten Kletterpflanzen sind für die Kübelhaltung zu wuchskräftig, da sie ein massives Wurzelwerk entwickeln. Etwas weniger kletterfreudige Arten lassen sich aber durchaus in Behältern kultivieren.

Besorgen Sie das größte Gefäß, das Sie finden können. Es sollte mindestens 60 cm tief und breit sein. Je kleiner der Behälter, desto rascher wächst eine Kletterpflanze aus ihm heraus. Darüber hinaus ist eine Kletterhilfe erforderlich. An einer Hauswand oder an einem Zaun genügt ein flaches Spalier aus Holz oder Kunststoff. Sollen die Pflanzen jedoch frei stehen, benötigen sie ein Klettergerüst.

Dieses sollte vom Stil her zum Behälter und auch zum Haus passen. Die einfachsten Klettergerüste bestehen aus Bambusstäben oder aus drei langen Zweigen eines beliebigen Strauches mit entsprechend geradem Wuchs. Stellen Sie die Stäbe pyramidenförmig in den Behälter und binden Sie sie oben zusammen.

Natürlich bietet auch der Handel Klettergerüste aus Holz, Metall oder Kunststoff in den verschiedensten Formen an.

Behältertaugliche Kletterpflanzen sind zum Beispiel die schwach wachsende Clematis sowie Jasmin *(Jasminum)*, Efeu *(Hedera)*, Geißblatt *(Lonicera)* und krautige Ranker wie die gelb blühende Herzblume *(Dicentra macrocapnos)* oder die blau blühende *Clematis x durandii* (siehe Abbildung).

Rosige Aussichten

Ob auf der Veranda, als Blickfang in einem Beet zusammen mit duftendem Lavendel oder als Willkommensgruß am Eingangstor, in jedem Garten findet sich bestimmt ein Plätzchen für ein, zwei Rosenstöcke. Dieses Arrangement ist eine Abwandlung des Gestaltungsvorschlages von der vorigen Seite.

Der gleiche Holzkübel wird hier mit einem etwas höheren und schmaleren Klettergerüst aus kunststoffummanteltem Rohrstahl verwendet. Rosentriebe lassen sich nicht so leicht flechten wie die der Clematis, daher muss die Rankhilfe so beschaffen sein, dass sie der Pflanze in ihrer vollen Höhe von rund 1,80 m Halt bieten kann. Kübel und Klettergerüst können farblich passend zu den Rosenblüten gestrichen werden.

Die *Rosa* 'Laura Ford' ist eine hervorragende Kletterrose für die Terrasse. Sie öffnet ihre gelben Blüten schon früh und blüht den ganzen Sommer über. Bei heißem Wetter bekommen die Blüten einen zartrosa Schimmer und im Herbst verfärben sie sich bernsteingelb. Die Klettertriebe sind dicht mit kräftigen, dunkelgrünen Blättern besetzt. Die orangezinnoberrot blühende *R.* 'Warm Welcome' passt sehr hübsch zu *R.* 'Laura Ford':

Beide zusammen entfalten ein malerisches Farbenspiel. Als Unterbepflanzung wurde das cremeweiß-blaue Stiefmütterchen *Viola* 'Magnifico F1' gewählt. Es treibt bei regelmäßigem Ausputzen den ganzen Sommer und Herbst über unermüdlich Blüten.

Die Zwergbuschrose *R.* 'Sweet Dream' im Extratopf harmoniert mit ihren pfirsich-apricotfarbenen Blüten farblich gut mit den beiden anderen Rosen.

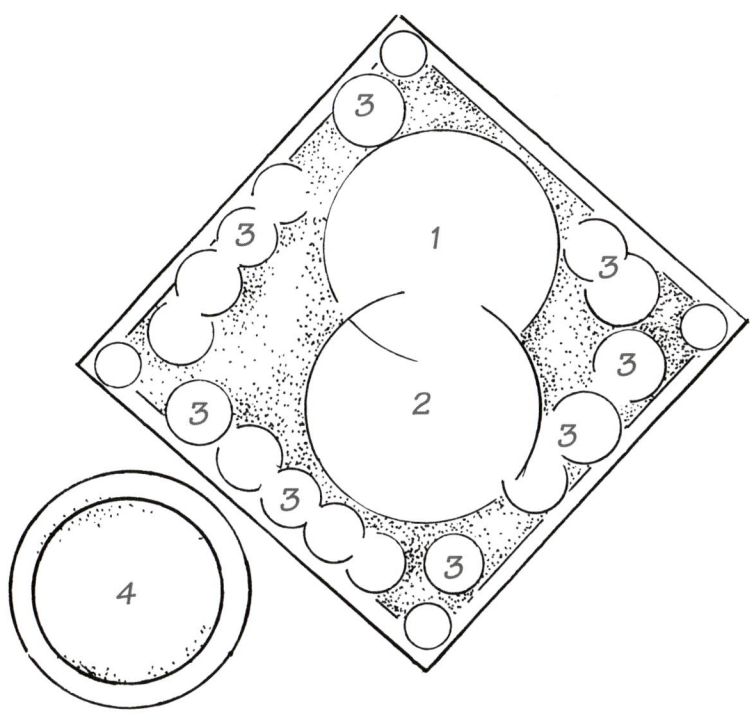

Pflanzplan

1 *Rosa* 'Laura Ford'
2 *Rosa* 'Warm Welcome'
3 *Viola* 'Magnifico F1'
4 *Rosa* 'Sweet Dream'

Pflanzenporträt

KÜBELROSEN

Von Rosen gibt es seit einiger Zeit besonders zwergwüchsige und büschelblütige Züchtungen, die auch als „Patio-Rosen" bezeichnet werden. Sie werden nur bis 50 cm hoch und sind wie geschaffen für die Kübelhaltung.

Die robuste *R.* 'Gentle Touch' (siehe Abbildung) hat kleine Blütenköpfchen in Blassrosa, während die *R.* 'Sweet Memories' etwas größere, duftende, zitronengelbe Blüten zeigt. Der Duft der lachsrosa Blütenköpfe der *R.* 'Tip Top' erinnert ein wenig an den von Wildrosen; zudem ist diese Sorte sehr krankheitsresistent. Letzteres gilt auch für die *R.* 'Top Marks', die außerdem durch besonders stämmigen Wuchs und leuchtend-zinnoberrote Blüten besticht.

Rosen brauchen einen eher schweren Boden und sollten auch in Kübeln nur in lehmige Erde gesetzt werden. Die Veredelungsstelle sollte gut 2,5 cm unter der Erde liegen. Wenn Sie mehrere Patio-Rosen pflanzen, sollten sie jeweils 30 cm voneinander entfernt stehen.

Um die Blütenentwicklung zu fördern, müssen verwelkte Blüten immer gleich entfernt bzw. verblühte Blütenbüschel bis zum Triebansatz zurückgeschnitten werden. Bei den ersten Anzeichen von Blattlausbefall die betroffenen Triebe zurückschneiden. Patio-Rosen können im Herbst oder im Frühjahr gestutzt werden. Hierzu die Haupttriebe 30–40 cm über dem Boden knapp oberhalb einer nach außen zeigenden Knospe einkürzen und die Nebentriebe um ein Drittel zurückschneiden.

Ein Hauch von Asien

Das besinnliche Ambiente eines japanischen Gartens lässt sich mit wenigen ausgewählten Blattpflanzen erstaunlich leicht nachgestalten. Zwergbambus, Zierahorn (*Acer palmatum* und *A. japonicum*), ein paar asiatisch anmutende Pflanztöpfe und Accessoires – und schon entsteht ein Plätzchen der Ruhe und Entspannung.

Den Hintergrund bildet der Schlitzahorn (*Acer palmatum* var. *dissectum* 'Inabashidare',) eine buschigwüchsige Sorte des Fächerahorns mit fein gefingerten, burgunderroten Blättern, der wunderschön mit dem bauchigen Gefäß harmoniert. Er sollte nicht in der prallen Sonne stehen, damit seine Blätter nicht versengen. Das leise Wippen der Ahornzweige wird von einem Japanwaldgras (*Hakonechloa macra* 'Aureola') aufgenommen, das seine gelbgrün pana-

schierten, lanzettförmigen Blätter anmutig über den Topfrand neigt. Dieses mehrjährige Gras wirkt an einer halbschattigen Stelle besonders freundlich.

Schwere, glasierte Pflanztöpfe mit asiatischem Dekor schaffen sofort eine fernöstliche Atmosphäre. Der Behälter links außen enthält eine *Fargesia murielae* 'Simba', eine schwachwüchsige, büschelige Bambusart mit lockerem, frischgrünem und frosthartem Blattwerk. Einige kurze, stämmige Bambusstangen zwischen die zarten Halme gesteckt, schaffen einen reizvollen Kontrast. Der zwergwüchsige *Rhododendron* 'Hatsugiri' mit rot-violetten Blüten setzt vorne einen farbigen Akzent.

Zwei Kerzenhalter aus Granit auf einem Kiesbett in einer runden flachen Schale zu Füßen der Pflanzbehälter unterstreichen den asiatischen Charakter. Abgerundet wird das entspannende Ensemble durch einige locker verteilte große Steine.

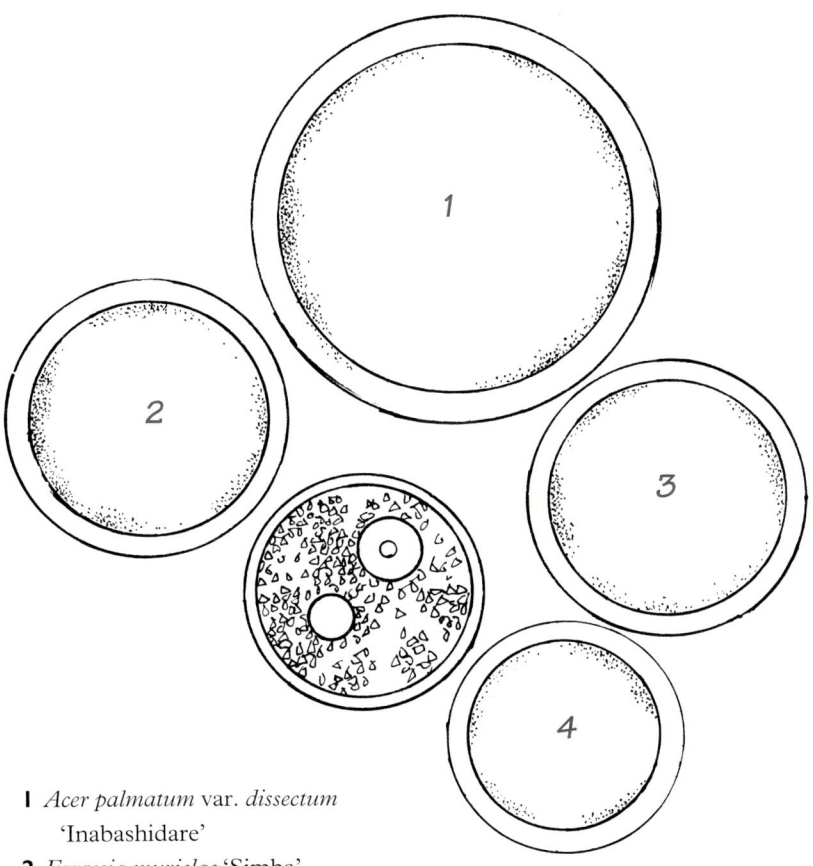

Pflanzplan

1 *Acer palmatum* var. *dissectum* 'Inabashidare'
2 *Fargesia murielae* 'Simba'
3 *Hakonechloa macra* 'Aureola'
4 *Rhododendron* 'Hatsugiri'

Pflanzenporträt

JAPANISCHER AHORN

Der Japanische Ahorn *(Acer japonicum)* bzw. der Fächerahorn *(Acer palmatum)* wirken in Pflanzkübeln immer besonders edel. Zwei Dinge behagen ihnen allerdings nicht: Kalter Wind und pralle Sonne, die ihre Blätter versengt. Am besten stellt man diese Pflanzen also an eine geschützte, leicht schattige Stelle. An die Erde werden keine großen Ansprüche gestellt, kalkfreier Boden wäre allerdings gut. Besonders im Sommer sind sie gleichmäßig feucht, aber auf keinen Fall nass zu halten.

Die meisten japanischen Ahornarten wachsen mit der Zeit zu kleinen Bäumchen heran, ihr Laub variiert im Frühjahr und Sommer von Hellgrün über Blassgelb bis zu Weinrot, während als Herbstfarben alle Schattierungen zwischen Gelb, Orange und Tiefrot vertreten sind.

Zu den schönsten Sorten gehören der sehr buschigwüchsige A. *palmatum* 'Garnet' mit überhängenden Zweigen und burgunderroten, gefiederten Blättern sowie A. *shirasawanum* 'Aureum', eine sehr langsam wachsende Sorte mit fächerartigen, goldgelben Blättern.

Etwas rascher wächst der A. *palmatum* 'Atropurpureum' (siehe Abbildung) – und wer auf besonders schönes rotes Herbstlaub Wert legt, sollte A. *palmatum* 'Osakazuki' wählen.

Viva Mexico!

Im Gegensatz zu dem ruhig-beschaulichen asiatischen Ambiente auf Seite 64–65 explodiert hier ein wahres Blütenmeer. Leuchtende, fast grelle Sommerfarben und überbordende Fülle bestimmen das Bild und beschwören die flirrende Hitze und Lebendigkeit von Mexiko oder Brasilien herauf.

Ein riesiges Terrakottagefäß enthält die Hauptbepflanzung, wobei die gelben Zwergsonnenblumen (*Helianthus annuus* 'Dwarf Yellow Spray') über allem thronen. Sie blühen üppig den ganzen Sommer über. Im mittleren Bereich recken Dahlien und Rudbeckien ihre gelben und roten Blütenköpfe empor. Der Sonnenhut *Rudbeckia hirta* 'Toto' gehört zu einer einjährigen Sorte, die sich leicht aus Samen ziehen lässt. Die Zwergdahlie *Dahlia* 'Gallery

Art Deco' ist besonders kompaktwüchsig und blütenreich. Einen reizvollen Kontrast zu diesem lebendigen Blütenflor bildet das Pfriemengras (Stipa tenuissima) mit silbrig-fedrigen Halmen, die zwischen den Dahlien wie eine Fontäne hervorkommen.

Links vorne lässt ein Wandelröschen (Lantana camara) seine rot-orangen Blütendolden herabhängen, während sich rechts eine Petunia 'Million Bells Lemon' über den Behälterrand „ergießt". Mit

etwas Hilfestellung lassen sich ein paar Triebe auch dazu bewegen, nach oben zu wachsen. Vorsicht: Das Wandelröschen kann Hautreizungen hervorrufen!

Um das Bild abzurunden, wurde der Kübel mit zwei kleineren Töpfen umstellt. Einer davon enthält eine weitere Dahlia 'Gallery Art Deco', der andere eine lebhaft gefärbte Buntnessel (Solenostemon 'Wizard Scarlet') und als Beipflanzung eine Mittagsblume (Dorotheanthus bellidiformis).

Pflanzenporträt

DAHLIEN

Die Dahlie ist in Mexiko und Guatemala beheimatet. Mit kaum einer anderen Pflanze lassen sich an warmen, sonnigen Orten so lebhafte Farbtupfer setzen. Da sich die Palette von grellen Rot- und Orangetönen über Pink und Malvenviolett bis zu Weiß erstreckt, können Sie Dahlien harmonisch in jede beliebige Farbzusammenstellung einfügen. Die Zwergformen lassen sich problemlos in Töpfen ziehen.

Ihre Blüten zeigen sich in den unterschiedlichsten Formen – von igelförmig bis zu runden Bällen. Gute Saatsorten sind D. 'Diablo' und D. 'Redskin', beide mit dunklen, bronzeroten Blättern, vor denen sich die leuchtenden Blüten gut abheben. Sie sind nicht winterhart und blühen nur eine Saison lang. Ebenfalls zur Aussaat geeignet, aber mehrjährig ist D. 'Bishop's Children', die aus der dunkelblättrigen, rot blühenden D. 'Bishop of Llandaff' (siehe Abbildung) und deren Verwandten gezüchtet wurde.

Die unterschiedlichsten Dahliensorten sind als Knollen oder bereits bewurzelte Stecklinge erhältlich. Die Knollen werden zu Beginn des Frühjahrs bei etwas Wärme zur Vermehrung angeregt. Ein paar der neu gebildeten Triebe abschneiden und zu neuen Pflanzen heranziehen. Oder größere Knollen in kleinere Stücke zerteilen und in Töpfchen pflanzen, aber erst dann ins Freie stellen, wenn keine Frostgefahr mehr besteht. In Behältern werden sie weniger von Schnecken heimgesucht.

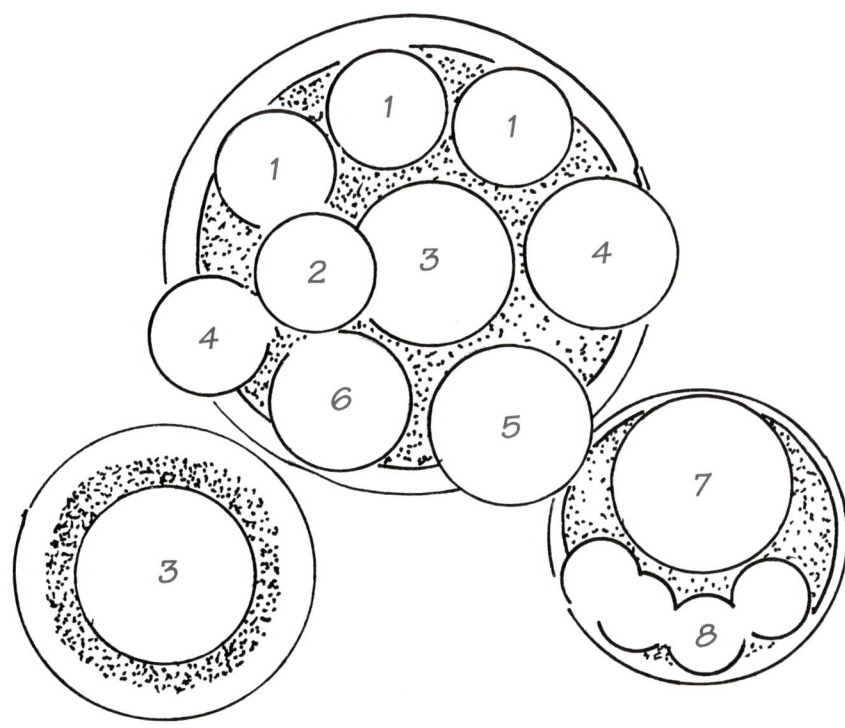

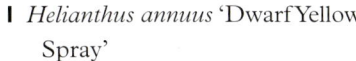

Pflanzplan

1 Helianthus annuus 'Dwarf Yellow Spray'
2 Stipa tenuissima
3 Dahlia 'Gallery Art Deco'
4 Rudbeckia hirta 'Toto'

5 Petunia 'Million Bells Lemon'
6 Lantana camara
7 Solenostemon 'Wizard Scarlet'
8 Dorotheanthus bellidiformis

Goldener Herbst

Im Herbst ziehen sich die Blumen zurück und überlassen die Welt den Blättern und Früchten, die sich in warmen Orange-, Rot-, Gelb- und Brauntönen präsentieren. Mit einer Bepflanzung aus Beeren tragenden Sträuchern und Immergrünen mit attraktiv gemusterten Blättern kommt goldene Herbststimmung auf.

Die Leitpflanze dieses Ensembles für einen sonnigen oder halbsonnigen Standort ist der Feuerdorn (*Pyracantha* 'Teton'), ein genügsamer, immergrüner Strauch mit auffälligen roten Beeren. Durch gezielten Schnitt lässt er sich leicht wie gewünscht formen. Die Stechpalme (*Ilex crenata* 'Golden Gem'), zwergwüchsig und ebenfalls winterhart, zeigt goldgelbe Blätter an dichten Zweigen. Zur Abrundung wurde ein Efeu hinzugesellt (*Hedera helix* 'Adam').

Mit dem dunkelblauen Winterstiefmütterchen (*Viola x wittrockiana*, Ultima-Serie) wurde links vorne ein farblicher Akzent gesetzt, der hübsch mit den Orange- und Gelbtönen im Hauptbehälter kontrastiert. Die Scheinbeere *(Gaultheria procumbens)* rechts vorne ist ein niedriger, immergrüner Zwergstrauch mit lang haftenden, aromatischen roten Beeren. Als Erikagewächs benötigt er unbedingt einen kalkfreien Boden.

Da die Stiefmütterchen bei schlechter Witterung das Blühen vorübergehend einstellen könnten und dann optisch an Attraktivität verlieren, sollten sie in einen eigenen Topf gepflanzt werden. Er lässt sich dann bei Bedarf problemlos entfernen.

Mit ein paar Zierobjekten lässt sich dieses herbstliche Arrangement noch etwas erweitern. Hier wurde ein Terrakotta-Topf mit Stroh gefüllt und darauf wurden ein paar bunt-gemusterte Kürbisse gebettet.

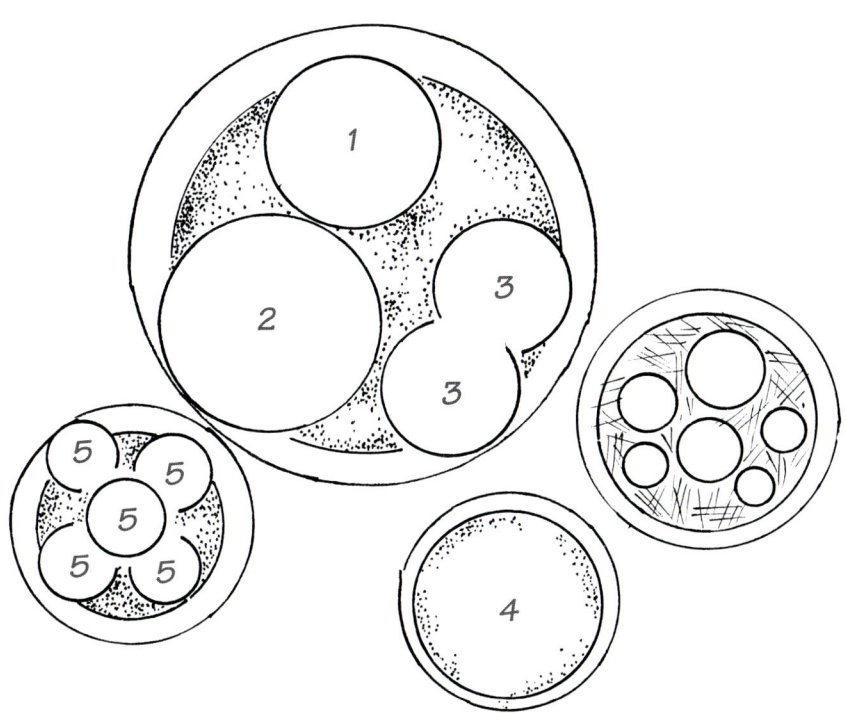

Pflanzplan

1 *Pyracantha* 'Teton'
2 *Ilex crenata* 'Golden Gem'
3 *Hedera helix* 'Adam'
4 *Gaultheria procumbens*
5 *Viola × wittrockiana* Ultima-Serie

Die Stechpalme *(Ilex)* ist der wohl attraktivste aller immergrünen Sträucher. Sie besticht durch ihren stolzen Wuchs, die kräftigen, glänzend-grünen Blätter und ihren attraktiven roten Beerenschmuck (siehe Abbildung – *I.* x altaclarensis). Sie wächst nur langsam, lässt sich in Form schneiden und ist sehr genügsam.

Neben den grünblättrigen Stechpalmen-Arten gibt es auch welche mit gemusterten und sogar blau getönten Blättern. Auch die Farbe der Beeren kann variieren: In der Regel sind sie zwar rot, aber manche Sträucher schmücken sich auch mit orangenen, gelben oder schwarzen Früchten.

In den meisten Fällen müssen männliche und weibliche Pflanzen beisammen stehen, damit letztere Früchte bilden – mit Ausnahme von *I. aquifolium* 'J.C. van Tol' und I. a. 'Pyramidalis' und einigen anderen, die selbstfruchtbar sind. Aufgepasst: *I.* x *altaclarensis* 'Golden King' ist weiblich und *I. aquifolium* 'Silver Queen' ist männlich. I. a. 'Golden Milkboy' besitzt besonders lebhaft panaschiertes, gelb-grünes Laub, während *I.a.* 'Ferox Argentea' die stacheligsten Blätter zu bieten hat. Bei den bläulichen Stechpalmen empfiehlt sich *I. meservae* 'Blue Girl' , eine weibliche Pflanze mit reichem Fruchtbehang. Zwergsorten wie *I. crenata* 'Golden Gem' haben hübsche buchsbaumartige Blättchen.

Stechpalmen gedeihen im Schatten wie in der Sonne und stellen auch an den Boden keine großen Ansprüche. Allerdings sollten sie stets einigermaßen feucht gehalten werden.

Tröge und Blumenkästen

In Trögen und Blumenkästen lässt sich eine üppige Pflanzenpracht auf kleinstem Raum unterbringen. Da diese Behälter meist schmal, lang und eckig sind, lassen sie sich gut zusammenschieben. So lässt sich der meist knapp bemessene Raum auf einer kleinen Veranda, einem Dachgarten, Balkon oder vor einem Fenster optimal ausnutzen.

Jeder, der sich an der Vielfalt von Blättern und Blüten erfreut, wird es sich nicht nehmen lassen, auch den kleinsten Fenstersims noch auszunutzen. Hier gedeihen Küchenkräuter neben blühenden oder duftenden Blühpflanzen, die von innen wie außen einen hübschen Anblick bieten.

Pflanzkästen lassen sich auch an Balkongeländern befestigen, und so manche triste Hauswand kann man mit geschickt angebrachten Pflanzbehältern im Nu lebendiger gestalten, zum Beispiel mit zarten Alpenpflänzchen, deren Schönheit man dann bequem in Augenhöhe bewundern kann. Hängepflanzen kommen am besten zur Geltung, wenn sie ihre langen Ausläufer oben von einer Mauer oder über einen Vorsprung abwärts schicken können.

Tröge auf Bodenhöhe können mit hohen Sonnenblumen oder einjährigen Klettergehölzen bepflanzt werden, die sich an einer Rankhilfe aus Draht hochziehen lassen. Wenn Sie Zierkästen dauerhaft an einer Wand oder einem Sims befestigen, sollten Sie die Pflanzen darin in Kunststofftöpfen ziehen, die Sie bei Bedarf rasch herausnehmen können. So lässt sich Verwelktes und Verblühtes immer gleich entfernen und der Anblick bleibt stets attraktiv.

Man kann Blumenkästen auch nach Maß anfertigen lassen, um Material und Stil des Behälters optimal auf die Umgebung abzustimmen. So machen sich verschnörkelte Behälter meistens besser an einem Altbau, während Edelstahl eher dem Charakter moderner Apartmenthäuser entspricht.

Winterzauber

Im Winter kommen Blumenkästen voll zur Geltung, bieten sie doch in unmittelbarer Nähe des Hauses oft den einzigen farbenfrohen Blumenschmuck. An dieser symmetrischen Bepflanzung werden Sie sich vom Herbst über den Winter bis zum Frühlingsanfang erfreuen können.

Im Mittelpunkt steht die kegelförmige Zwergfichte *Picea glauca* var. *albertiana* 'Conica'. Da Heidekrautgewächse immer gut zu Koniferen passen, wurden ihr zwei hohe, goldgelbe Glockenheiden (*Erica arborea* 'Albert's Gold') zur Seite gestellt. Diese Sorte bevorzugt einen sauren Boden, den auch die übrigen Pflanzen gut vertragen, auch wenn diese von Haus aus eigentlich keinen kalkfreien Boden benötigen.

Die hellroten Blüten des Alpenveilchens (*Cyclamen* 'Miracle') setzen lebendige Farbtupfer, die in dem mattgrauen Glasfasertrog besonders schön ins Auge fallen. Obwohl diese Pflanze nicht absolut frosthart ist, erfreut sie an einem geschützten Standort und nicht zu nass gehalten bis weit in den Winter hinein das Auge. Sie wurde als Herbst- und Winterpflanze für Kübel und Töpfe gezüchtet, kann aber ebenso im Gewächshaus und in kühlen, hellen Wohnräumen gehalten werden.

Erica x *darleyensis* 'Silberschmelze' und *E. carnea* 'December Red' sind ungefähr ab Mitte des Winters mit weißen bzw. rosafarbenen Blüten übersät und füllen hübsch den Vordergrund aus.

Die kleine Zwerg-Schwertlilie *Iris* 'Joyce' reckt dann später, Anfang des Frühjahrs, ihre ultramarinblauen Köpfchen aus diesem Arrangement empor.

ZWERGKONIFEREN

Echte Zwergkoniferen sind ideale Pflanzen für Kübel, besonders in Kombination mit Heidekrautgewächsen wie *Erica* oder *Calluna* oder auch Alpenpflanzen. Die meisten sind recht genügsam.

Obwohl sie nur langsam wachsen, sind Zwergkoniferen durchaus nicht langweilig. Ihr Blätterkleid verändert sich je nach Saison und ihre frischen, neuen Triebe stehen bunten Blüten an Attraktivität kaum nach. So schmückt sich die Gelbe Mooszypresse (*Chamaecyparis pisifera* 'Plumosa aurea') im Frühjahr mit goldgelben, federartigen Neutrieben und die Zwergsicheltanne (*Cryptomeria japonica* 'Compressa') zeigt im Sommer smaragdgrüne Nadeln, die sich im Spätherbst bronzerötlich verfärben.

Zwergkoniferen gibt es in den unterschiedlichsten Wuchsformen. Während der Wacholder (*Juniperus communis* 'Compressa') schlank wie eine Säule emporragt, wachsen andere eher konisch oder – etwa die Zwergform der Schwarzfichte (*Picea mariana* 'Nana') oder der Zwerglebensbaum (*Thuja occidentalis* 'Danica') – fast kugelrund. Die Zwerg-Blaufichte (*Picea pungens* 'Danica') präsentiert sich flachrund mit silberblauer Benadelung, während die Zwergsorten der Bergföhre (*Pinus mugo*, siehe Abbildung) dichtbuschig wachsen und blaue, grüne oder goldgelbe Nadeln tragen.

Wacholder gibt es aber auch kriechwüchsig, zum Beispiel *Juniperus sabina* 'Tamariscifolia' und *J. procumbens* 'Nana.

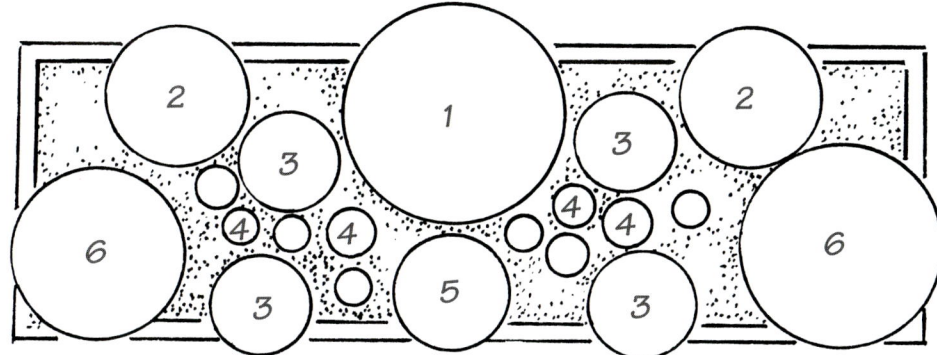

Pflanzplan

1 *Picea glauca* var. *albertiana* 'Conica'
2 *Erica arborea* 'Albert's Gold'
3 *Cyclamen* 'Miracle'
4 *Iris reticulata* 'Joyce'
5 *Erica carnea* 'December Red'
6 *Erica* x *darleyensis* 'Silberschmelze'

In Reih und Glied

Einige Blumen entwickeln einen so üppigen Blütenflor, dass sie sich kaum mehr aufrecht halten können. Ein Beispiel hierfür ist *Narcissus* **'Rip van Winkle'. Ihre Blüten besitzen so viele Blütenblätter, dass sich die Stängel nach unten biegen. In einem Kasten neben anderen Pflanzen erhalten sie die notwendige Stütze.**

Ein großer Terrakotta-Kasten mit einem klassischen Riefenmuster ist die Behausung für diese Frühlingsboten. Die Hintergrundbepflanzung unseres Arrangements bestreiten drei immergrüne Seggen *(Carex comans)*, die ihre schlanken, bronzebraunen Blätter grazil über die gelben Narzissen neigen und auf einem sonnigen Fensterbrett den ganzen Winter über ihre hübsche Färbung behalten.

Im Vordergrund stehen etliche Schneestolze *(Chionodoxa luciliae)* mit blauen Sternblüten und weißen Augen. Dazwischen drängeln sich einige etwa 15 cm hohe Zwerghyazinthen *(Puschkinia scilloides)* und zeigen ihre blassblauen Blüten her. Eine Alternative zu den beiden letztgenannten Arten wäre der Blaustern *(Scilla)* oder die blaue *Anemone blanda.* Als Mulchschicht eignen sich Rindenstückchen oder Moos.

Wenn die Knollenpflanzen schon längst verblüht sind, werden die Seggen noch lange eine Augenweide sein. Sie können geteilt und neu eingepflanzt werden, bevor Sie im Sommer den gelben Goldstern *(Bidens ferulifolia)* und im Vordergrund die Blaue Mauritius *(Convolvulus sabatius)* dazupflanzen. Die Blaue Mauritius ist eine Hängepflanze mit entzückenden hellblauen Blüten.

Ziergräser werden vor allem wegen ihrer vielgestaltigen Blätter und Wuchsformen gehalten. Sie eignen sich hervorragend als Hintergrund für Blühpflanzen und wirken in Gruppen genauso attraktiv wie in Gesellschaft von anderen schönen Blattpflanzen wie Purpurglöckchen (Heuchera), Schaumblüte (Triarella) oder Funkie (Hosta).

Eine riesige Auswahl an Ziergräsern steht zur Verfügung, die alle rund ums Jahr interessante Blickfänge abgeben und zudem pflegeleicht sind.

Die Seggen gehören zur Gruppe der Riedgräser (Carex) und bevorzugen feuchtere Böden als die anderen Gräser. Manche gedeihen sogar in flachem Wasser. Als immergrüne Hintergrundbepflanzung in Kübeln sind sie fast unschlagbar. C. morrowii ‘Fisher’ erinnert an die bekannte Zimmerpflanze Grünlilie (Chlorophytum), ist aber absolut winterhart und ganzjährig einsetzbar. C. oshimensis ‘Evergold’ (siehe Abbildung) hat lebhaft gestreifte Blätter, während C. comans ‘Frosted Curls’ dichte Büschel aus silbrigen, mintgrünen Blättern bildet, die sich dekorativ über den Behälterrand „ergießen". C. flagellifera ähnelt der Segge aus unserem Pflanzarrangement, wächst aber höher und breiter.

Acorus gramineus ‘Ogon’ mag es ebenfalls eher feucht und präsentiert seine gelb-geränderten Blätter in Büscheln. Noch attraktiver zeigt sich im Winter der Blauschwingel (Festuca glauca), vorausgesetzt, er wird vor der schlimmsten Kälte geschützt und trocknet nicht aus.

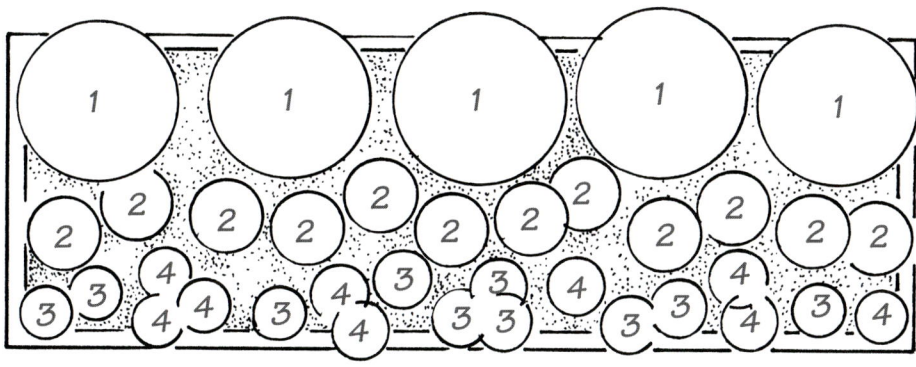

Pflanzplan

1 *Carex comans* bronze
2 *Narcissus* ‘Rip van Winkle’
3 *Puschkinia scilloides*
4 *Chionodoxa luciliae*

Steingarten

Wenn nur wenig Platz zur Verfügung steht, sind kleine Alpenblumen und Steingartenpflanzen genau die richtige Wahl – vorausgesetzt, sie bekommen viel Sonne.

Traditionell werden Alpenpflanzen gern in schweren, aus Stein gehauenen Trögen gezogen, die aber meist teuer und schwer zu bekommen sind. Zum Glück gibt es passende Behälter auch aus Beton oder Kunststoff.

Die schlanke, ranke Zwergkonifere *Juniperus communis* 'Compressa' verleiht dem Arrangement optisch etwas Höhe. Zwei Tuffsteine betonen den Gebirgscharakter. Diese porösen Kalksteine eignen sich sogar zum Bepflanzen. Eine Mulchschicht aus Splitt rings um jedes Pflänzchen sorgt für einen guten Wasserablauf. Aus dem gleichen

Grund wird der Splitt auch unter die Erde gemischt.

Die Pflanzen sollten in etwa die gleiche Wuchsfreudigkeit aufweisen, damit die kleineren nicht im Nu überwuchert werden. Zu den kleinsten Pflanzen gehört der Steinbrech, hier vertreten durch den rosa blühenden *Saxifraga* 'Jenkinsiae' mit silbriggrünem Polster und den gelb blühenden *S.* 'Gregor Mendel'. Links ranken sich ein *Phlox douglasii* 'Boothman's Variety'

(blassrosa) sowie ein *P. d.* 'Crackerjack' (dunkelrosa) über den Trogrand.

Zu Füßen des Wacholders breitet sich das flache Polster des Schafteppichs *Raoulia hookeri* aus. Das Porzellanröschen *(Lewisia cotyledon)* sowie die *Rhodohypoxis baurii* verlangen kalkfreie Erde. Sie wurden daher in eigene Töpfchen gepflanzt und „versenkt". Die beiden Tuffsteine vor dem Trog sind mit einer Hauswurz *(Sempervivum)* bepflanzt.

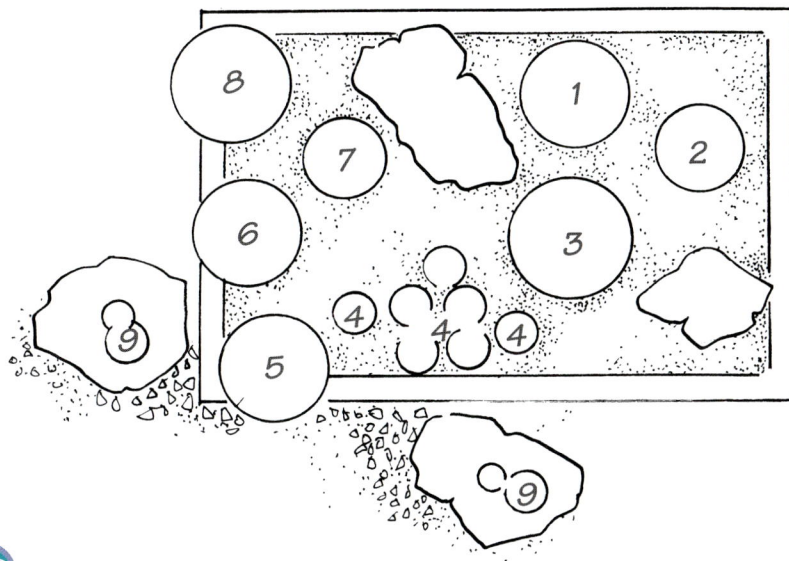

Pflanzplan

1 *Juniperus communis* 'Compressa'
2 *Saxifraga* 'Jenkinsiae'
3 *Raoulia hookeri*
4 *Rhodohypoxis baurii*
5 *Phlox douglasii* 'Crackerjack'
6 *Lewisia cotyledon*

7 *Saxifraga* 'Gregor Mendel'
8 *Phlox douglasii* 'Boothman's Variety'
9 *Sempervivum* 'Red Mountain'

Diese kleinen Pflänzchen stammen aus Südafrika, wo sie auf Bergwiesen wachsen. Aufgrund ihrer geringen Größe findet sich für sie überall ein Plätzchen. Auch in kleinen Behältern lassen sie sich bereitwillig kultivieren. Sie haben grasartige Blätter und bilden kleine Blütenteppiche. Von Frühjahr bis Anfang Herbst treiben sie reichlich Blüten, die an etwa 5–10 cm langen Stängeln sitzen und sechs flache Blättchen haben. Die Farbpalette reicht von Tiefrosa und Scharlachrot über verschiedene Rosatöne bis Weiß.

Am weitesten verbreitet ist *R. baurii*, aus der zahlreiche Sorten gezüchtet wurden, darunter *R.* 'Albrighton' (kräftig rosa, siehe Abbildung), *R.* 'Helena' (reinweiß, großblütig), *R.* 'Margaret Rose' (hellrosa) und *R.* 'Harlequin' (purpurrosa/cremeweiß). Die besonders robuste *R. milloides* ist feuchtigkeitsverträglicher als ihre Verwandten und blüht kirschrot.

Diese Pflänzchen sind zwar frosthart, vertragen aber während der Ruheperiode keine Staunässe. Man kultiviert sie am besten in Einzeltöpfen und lässt sie in einem Gewächshaus überwintern, wo man sie bis Anfang des Frühlings fast vollkommen trocken halten sollte. Wenn sie sich in einem schweren Steintrog befinden, der sich kaum von der Stelle bewegen lässt, sollten sie mit einem kleinen Glas o. ä. geschützt werden.

Rhodohypoxis lieben volle Sonne und sauren Boden. Sie sollten in ein mit kalkfreien Steinchen durchsetztes Kultursubstrat gepflanzt werden. Größere Polster lassen sich Anfang Frühjahr teilen.

Küchenkräutergarten

Wie praktisch, wenn man vor einem sonnigen Fenster oder gleich draußen neben der Tür stets frische Küchenkräuter zur Hand hat. Die meisten lassen sich problemlos in Behältern ziehen.

In diesem hölzernen Blumenkasten finden die unterschiedlichsten Arten ihren Platz. Jede Pflanze hat ihren eigenen Topf und kann bei Bedarf leicht herausgenommen werden. Stark wuchernde Arten wie die Minze lassen sich anders kaum bändigen.

Die Töpfe sollten so groß wie möglich sein, damit die Pflanzen nicht so rasch herauswachsen. Da die meisten Kräuter durchlässige Erde bevorzugen, sollten Sie die Böden der Töpfe und des Kastens mit einer Lage Kies oder Tonscherben bedecken.

Die Minze *Mentha spicata* var. *crispa* ist ein Muss in jedem Kräutergarten. Ebenso unverzichtbar ist Basilikum, von dem hier ein *Ocimum basilicum* var. *purpurascens* ausgewählt wurde, dessen rötliche Blätter besonders Reisgerichte verfeinern. Auch der Koriander (*Coriandrum sativum*) ist in vielen Rezepten vertreten: Die jungen Blättchen dienen nicht nur als dekorative Garnierung, sondern würzen auch Salate oder Eintopfgerichte. Durch regelmäßiges Abzupfen der älteren Blätter hält sich die Pflanze länger.

Auch Petersilie (*Petroselinum crispum*) und Schnittlauch (*Allium schoenoprasum*) sind mit von der Partie; beide brauchen mehr Wasser als die übrigen Kräuter. Die Lücken zwischen den Töpfen wurden mit einem kriechenden Thymian aufgefüllt (*Thymus serpyllum* 'Russetings'). Er bildet kleine dunkelgrüne Polster und zeigt im Sommer purpur-malvenfarbige Blütchen.

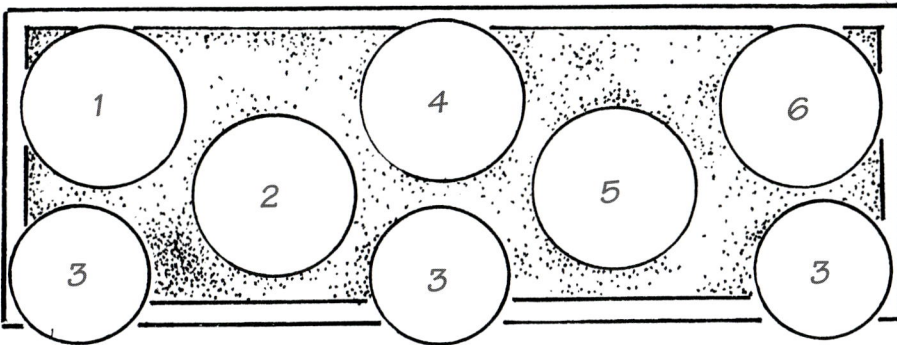

Pflanzplan

1 Koriander (*Coriandrum sativum*)

2 Schnittlauch (*Allium schoenoprasum*)

3 Kriechthymian (*Thymus serpyllum* 'Russetings')

4 Krause Minze (*Mentha spicata* var. *crispa*)

5 Rotes Basilikum (*Ocimum basilicum* var. *purpurascens*)

6 Petersilie (*Petroselinum crispum*)

Pflanzenporträt

BASILIKUM

Viele Arten des Basilikums (*Ocimum*) lohnt es schon allein wegen ihrer dekorativen Blätter zu kultivieren; ganz zu schweigen von ihren kulinarischen Vorzügen.

Die Pflanzen sind frostempfindlich und gedeihen am besten an sonnigen Standorten, wo sie vor kaltem Wind geschützt sind. In frostanfälligen Lagen müssen sie wie Einjährige gehalten werden – und nach der Aussaat dürfen die Sämlinge erst dann ins Freie, wenn keinerlei Frostgefahr mehr besteht.

Die Samen werden in kleine Töpfchen oder in Saatschalen gesät, damit sich die Wurzeln nicht ins Gehege kommen. Gegossen wird mittags; übermäßiges Gießen behagt den Pflanzen aber gar nicht.

Abknipsen der Triebspitzen fördert buschigen Wuchs und verhindert die Blütenbildung. Zum Ernten eher die jungen Blätter oben von der Pflanze abzupfen. Basilikum kann schädliche Fluginsekten vertreiben und wird daher gerne direkt neben Tomaten gestellt.

Am weitesten verbreitet ist *Ocimum basilicum*, dessen Blätter aus vielen Pastasaucen kaum mehr wegzudenken sind. Die Blätter des *O. minimum* sind dagegen vergleichsweise winzig und machen sich in Salaten ebenso lecker wie dekorativ. *O. basilicum* 'Green Ruffles' (siehe Abbildung) besitzt gekräuselte und nach Anis duftende, hellgrüne Blätter, während *O. b.* 'Purple Ruffles' tief purpurrote Blätter zeigt. Wer einmal Basilikum mit einem Hauch von Zitrone probieren möchte, sollte sich für *O.* x *citriodorum* entscheiden.

Thymian-Parade

Innerhalb ein und derselben Pflanzenfamilie herrscht zuweilen eine verblüffende Vielfalt an Wuchs, Blattformen und Blüten. Ein schönes Beispiel hierfür ist der Thymian. Den hölzernen Balkonkasten von Seite 78–79 füllen nun ausschließlich die Zuchtformen der Familie Thymian.

In der hinteren Reihe stehen ein *Thymus fragrantissimus*, dessen graugrüne Blätter ein subtiles Orangenaroma haben, das gut zu Geflügel passt; ein Zitronenthymian (*T.* x *citriodorus*) mit relativ großen, leicht nach Zitrone duftenden Blättern, mit denen sich vor allem Hühnchen- und Fischgerichte verfeinern lassen; und ein buschiger, mild aromatischer *T.* 'Porlock', der im Sommer rosa Blüten zeigt.

Den mittleren Kastenbereich teilen sich zwei der beliebtesten Thymianarten: *T. vulgaris* 'Silver Posie' mit silbergrau panaschierten, manchmal rosa überhauchten Blättchen und *T. pulegioides* 'Aureus', der im Frühjahr und Sommer durch sein goldgelbes Blattwerk besticht. Beide wirken sehr dekorativ in Salaten.

Über den vorderen Kastenrand wuchern *T. pseudolanuginosus*, eine Variante mit filzigen, hellgrauen Blättchen, sowie *T. serpyllum* 'Pink Chintz' und *T.* 'Snowdrift'. Alle drei wurden ausschließlich wegen ihrer optischen Vorzüge ausgewählt.

Auch andere Kräuter, etwa Minze *(Mentha)*, Basilikum *(Ocimum)* und Majoran *(Origanum)*, gibt es in so vielen Sorten, dass sich die Zusammenstellung eines solchen „Familiengärtchens" lohnen würde. Ähnliches gilt übrigens auch für viele andere Pflanzengruppen – vom Steinbrech *(Saxifraga)* bis zu Pelargonien.

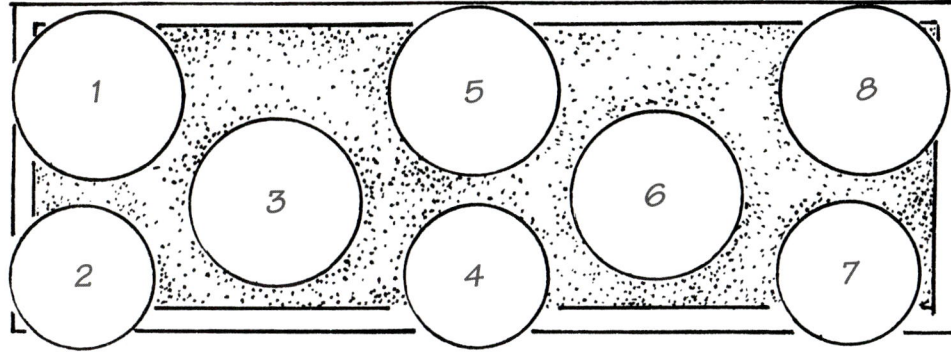

Wegen seiner hübschen Blätter und Blüten, seiner kulinarischen Vorzüge und heilkräftigen Wirkung ist Thymian *(Thymus)* gut für die Haltung in Töpfen und Kästen geeignet. Einige Arten wachsen aufrecht und buschig, andere sind kriechend oder bilden Ausläufer

Alle bevorzugen einen vollsonnigen Standort und einen mageren, durchlässigen Boden. Im Kübel gedeihen sie am besten in einer mit Sand vermischten Erde. Nach der Blüte sollten sie zurückgeschnitten werden, um einen buschig-kompakten Wuchs zu erreichen.

Thymianpflanzen sind immergrün, wobei das Laub die unterschiedlichsten Farben haben kann: von Grausilber wie beim *T. pseudolanuginosus* bis zum Goldgelb beim *T. x citriodorus* 'Archer's Gold'. Alle Thymianblättchen duften aromatisch – einige leicht nach Zitrone, andere nach Orange, Kampfer oder Sellerie. Die zumeist weißen oder rosa Blüten erscheinen im Sommer (*T. vulgaris* – siehe Abbildung).

Zu den Teppich bildenden Arten gehören *T. serpyllum* 'Minimus' , *T.* 'Goldstream' (goldgelb gefleckte Blätter), *T. doerfleri* 'Bressingham' (reichblühend, rosa) sowie *T. serpyllum* var. *albus* (weiß).

T. pulegioides 'Bertram Anderson' wächst höher (ca. 10 cm) und trägt gelb gefleckte Blätter. Noch größer ist *T. x citriodorus*, der leicht nach Zitrone duftet. Eine weitere Variation ist *T. x c.* 'Golden King' mit panaschierten Blättchen, der ausgezeichnet mit Huhn und Fisch schmeckt.

Pflanzplan

1 *Thymus* x *citriodorus*

2 *Thymus pseudolanuginosus*

3 *Thymus vulgaris* 'Silver Posie'

4 *Thymus serpyllum* 'Pink Chintz'

5 *Thymus fragrantissimus*

6 *Thymus pulegioides* 'Aureus'

7 *Thymus* 'Snowdrift'

8 *Thymus* 'Porlock'

Kühle Brise

Dieses Arrangement aus weißen und hellblauen Petunien, Zwergmargeriten und anderen weiß blühenden Blumen wird Sie an heißen Tagen im Sommer besonders erfreuen.

Die klare Symmetrie vermittelt dem Ensemble eine gewisse Strenge, unterstrichen durch den Balkonkasten im Spalier-Look, der passend für diese Pflanzauswahl hellblau gestrichen wurde. Den Mittelpunkt der Bepflanzung bildet eine klassische Strauchmargerite (*Argyranthemum frutescens* 'Sugar Button') – weiße Blüten mit gelber Mitte. Rechts und links von ihr befindet sich je eine *A.* 'Blanche' der Sorte Courtyard mit buschig-kompaktem Wuchs, blaugrünen Blättern und üppigem, weißem Blütenflor. Vorne steht ein Elfenspiegel (*Nemesia* 'Innocence'; weiß und duftend),

umgeben von einjährigen Petunien in Weiß und Hellblau.

An den Außenseiten treibt jeweils ein Elfensporn (*Diascia* 'Ice Cracker') seine reinweißen Blütenähren empor, während die hellgrünen Ausläufer der beiden Schneeflockenblumen (*Sutera cordata* 'Snowflake') vorne über den Kastenrand ranken. Wenn Sie Verblühtes regelmäßig entfernen und gelegentlich flüssig düngen, können Sie die Blütezeit lange hinausziehen.

Weitere sonnenliebende Blumen: Prachtkerze (*Gaura lindheimeri* 'Whirling Butterflies'), *Petunia* 'Surfinia White', Löwenmäulchen (*Antirrhinum hispanicum* 'Avalanche'), Kap-Margerite (*Osteospermum* 'Arctur'), *Pelargonium* 'White Blizzard' und *Petunia* 'Million Bells White'. Zur Aufhellung einer Schattenecke bieten sich *Begonia hypolipara* 'Illumination White' und das Springkraut *Impatiens* 'Fiesta White' an.

MARGERITEN

Zu den beliebten Margeriten (*Argyranthemum*) gehören zahlreiche bedingt winterharte Arten und Sorten, die von Anfang Sommer bis Ende Herbst und manchmal sogar noch länger reich blühen.

Bei viel Sonne und einem durchlässigen Boden wachsen sie rasch zu stämmigen Pflanzen heran, die 30 bis 90 cm Höhe erreichen. Besonders eindrucksvoll wirken sie als Einzelexemplare im eigenen Topf, wo sie sich auch als Hochstämmchen ziehen lassen. Kübel-Margeriten benötigen alle paar Wochen etwas Flüssigdünger; verwelkte Blüten sollten gleich entfernt werden.

Die Palette der Blütenfarben reicht von Weiß-Gelb (A. 'Snowstorm') bis zu Gelb, Rosa, Rötlich und Apricot, wobei schon die gefiederten grünen Blätter eine Zierde für sich sind. Einige Sorten, etwa die rosa blühende A. 'Summer Melody', zeigen sogar gefüllte Blüten. A. 'Vancouver' schmückt sich mit rosa Blüten mit zwei Farben in der Mitte, die außen von einem weiteren Kranz aus längeren Blütenblättern umgeben sind.

A. 'Petite Pink' ist eine kompaktwüchsige, etwa 30 cm hohe Sorte, die Unmengen von kleinen, hellrosa Blüten treibt, während die Blütenfarbe bei A. 'Peach Cheeks' zu Pfirsich/Apricot tendiert. Die klassischen, weiß-gelben Blüten der A. *gracile* 'Chelsea Girl' (siehe Abbildung) kommen vor dem dicht-grünen Laub gut zur Geltung. Besonders große Blüten hat die A. 'Jamaica Primrose' zu bieten.

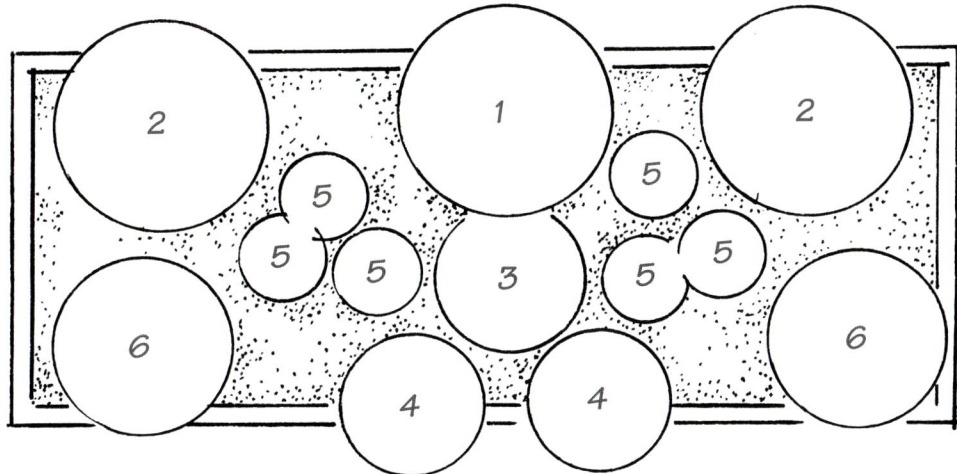

Pflanzplan

1 *Argyranthemum frutescens* 'Sugar Button'

2 *Argyranthemum frutescens* 'Blanche' (Courtyard-Serie)

3 *Nemesia* 'Innocence'

4 *Sutera cordata* 'Snowflake'

5 *Petunia* 'Frenzy' (hellblau und weiß)

6 *Diascia* 'Ice Cracker'

Blüten in Hülle und Fülle

An einem sonnigen oder halbsonnigen Standort steht diese klassische Zusammenstellung aus Fuchsien, Pelargonien und Kapastern monatelang in prächtigster Blüte.

Die *Fuchsia* 'Checkerboard' im Hintergrund ist von aufrechtem Wuchs und schmückt sich mit kleinen rosaroten Blüten mit einem Hauch von Weiß, die von Sommer bis Herbst unermüdlich blühen. Rechts und links von ihr wächst je eine Pelargonie der Sorte 'Frank Hadley' mit dekorativen grün-weiß panaschierten Blättern und lachsrosa Blütenköpfen.

Davor wurden zwei Kapastern (*Felicia ammelloides*) gesetzt, die auf langen Stielen ihre cremegelben variierenden Blätter und strahlend blauen Gänseblümchen-

Blüten emporrecken. Auch die etwas seltenere, weiß blühende *Felicia amelloides* lohnt einen Versuch.

Vorne in der Mitte erfreut die hängende Geranie *Pelargonium* 'Red Blizzard' mit knallroten Blüten. Ihr wurden in der ersten Reihe links und rechts zwei Hängefuchsien hinzugesellt: die Sorte 'Lena' (etwas blühfreudiger mit halb gefüllten violett-weißen Blüten) und ganz außen 'Golden Marinka'

mit dunkelroten Blüten und grünen Blättern mit begeisternden goldenen Zeichnungen.

Weitere buntblättrige Hängefuchsien wären *F.* 'Tom West' (weiß-grün; rot-violette Blüten) und *F.* 'Autumnale', deren Blattfarben je nach Alter rot, orange und gelb erscheinen. *F.* 'Firecracker' wächst aufrecht und zeigt orangerote, schlauchförmige Blüten und Blätter in Pink, Cremeweiß und Grün.

BEDINGT WINTERHARTE

In den letzten Jahren hat die Zahl der nur bedingt winterharten mehrjährigen Pflanzen enorm zugenommen. Sie zeichnen sich durch eine jahrelange unglaubliche Blühfreudigkeit aus – vorausgesetzt, man lässt sie frostfrei überwintern.

Dazu gehören viele margeritenähnliche Sorten wie das Kap-Körbchen (*Osteospermum*) und das Bärenohr (*Arctotis*), aber auch Fuchsien, Geranien (Pelargonien) und Knollenbegonien. Jedes Jahr kommen neue Züchtungen hinzu, die meisten lieben volle Sonne, manche vertragen aber auch etwas Schatten.

Hängend: *Anagallis* 'Skylover' (enzianblau, siehe Abbildung); *Torenia* 'Blue Moon' (hellblaue Trichterblüten); *Petunia* 'Surfinia' (Pink, Blau und Weiß); *Lotus berthelotii* (fedrige graue Blätter); *Sutera cordata* 'Blizzard' (winzige weiße Blüten) und *S. c.* 'Blue Showers' (lavendelfarben).

Halb hängend: *Brachyscome* 'Blue Mist' (malvenfarben, margeritenähnlich); *Lantana camara* (auch zweifarbige Blütenköpfe, zum Beispiel pink/gelb, orange/gelb, orange/rotbraun): *Lysimachia congestiflora* 'Outback Sunset' (gelb-grüne Blätter) und *Nemesia* 'Mystic Blue' (malvenfarben).

Aufrecht: *Angelonia* 'Angel Mist Purple Stripe' (hoch; weiß und violett); *Gazania* 'Christopher Lloyd' (rosa gestreift) und *G.* 'Yellow Buttons' (gefüllt, gelb); *Heliotropium* 'Nagano' (violette, nach Vanille duftende Blüten); *Osteospermum* 'Orange Symphony' (hell-orange) und *Arctotis* x hybrida 'Wine' (rötlich-pink).

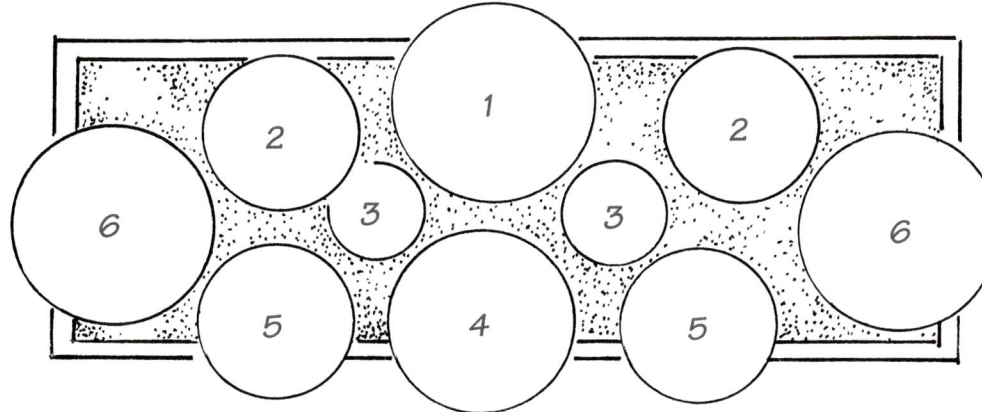

Pflanzplan

1 *Fuchsia* 'Checkerboard'
2 *Pelargonium* 'Frank Hadley'
3 *Felicia ammelloides*
4 *Pelargonium* 'Red Blizzard'
5 *Fuchsia* 'Lena'
6 *Fuchsia* 'Golden Marinka'

Einmal und nie wieder

Die Aussaat von Pflanzen direkt in die Erde ist der einfachste und preisgünstigste Weg zu einer bunten Blütenpracht in Kästen, Töpfen und Kübeln. Die Blumen wachsen innerhalb weniger Monate heran und wer sie regelmäßig ausputzt, hat viele Wochen lang Freude an ihnen.

Trotz der riesigen Auswahl an Pflanzensamen greifen viele Hobbygärtner traditionell auf bedingt winterharte Arten wie Fuchsien, Fleißige Lieschen *(Impatiens)* und Knollenbegonien zurück. Dabei sind winterharte Einjährige meist weitaus attraktiver und lassen sich leichter aus Samen ziehen, da sie dazu nicht viel Wärme benötigen.

Wenn man sie in Einzeltöpfen in den großen Holzkasten setzt, können sie nach ihrer Blüte schnell durch andere

blühende Pflanzen ausgetauscht werden. Einige Einjährige – Ringelblumen *(Calendula)*, Atlasblumen *(Godetia)* und Goldmohn *(Eschscholzia)* – wirken am besten dicht nebeneinander gesetzt und farblich entweder Ton in Ton oder in Komplementärfarben.

Der hellblaue Schwarzkümmel (*Nigella damascena* 'Miss Jekyll') und die Wucherblume (*Chrysanthemum coronarium* 'Primrose Gem') verleihen der Bepflanzung optisch etwas Höhe; durch Zurückschneiden in der Jugend bleiben sie eher buschig und niedriger. Die Atlasblume (*Clarkia* 'Amethyst Glow') und die Kornblume (*Centaurea cyanis* 'Mauve Queen') fügen sich farblich gut in das Bild ein. Der Goldmohn *(Eschscholzia)* – mal zitronengelb, mal goldgelb – setzt lebhafte Farbtupfer; etwas sanfter zeigen sich Schleifenblume (*Iberis umbellata* 'Appleblossom') und Duftsteinrich (*Lobularia maritima* 'Apricot Shades').

Pflanzenporträt

WINTERHARTE EINJÄHRIGE

Die meisten dieser Pflanzen lassen sich problemlos aus Samen ziehen, haben aber nur eine begrenzte Blühdauer. Wer sie zeitlich versetzt aussät, hat jedoch stets ausreichend Nachschub und kann sich von Ende Frühjahr bis Mitte Herbst an den Blüten erfreuen – und bei Saisonende kostenlos Samen fürs nächste Jahr ernten.

Winterharte Einjährige wie *Nigella damascena* (siehe Abbildung) lassen sich jederzeit zwischen Anfang Frühling bis Anfang Sommer aussäen – entweder gleich ins Freie an ihren vorgesehenen Standort oder erst in Töpfchen zur späteren Verpflanzung ins Frühbeet.

„Einjährige" bedeutet, dass sie etwa innerhalb eines Jahres heranwachsen, blühen, Samen bilden und dann absterben.

Für Hängekörbe ist die Blühdauer meistens zu kurz, aber für Tröge, Blumenkästen und Töpfe sind diese Pflanzen gut geeignet, da sie sich hier einfacher ersetzen lassen.

Auch als Unterpflanzung für Kübelsträucher machen sie sich gut. Sie bringen Farbe ins Spiel und nehmen den Strauchwurzeln kaum Nährstoffe weg.

Einjährige haben noch einen weiteren Vorteil: Die meisten bilden reichlich Samen, die man im nächsten Frühjahr wieder aussäen kann. Man füllt sie am besten in Briefumschläge (beschriftet mit Pflanzenname und Datum) und bewahrt diese möglichst luftdicht an einem dunklen, kühlen Ort auf.

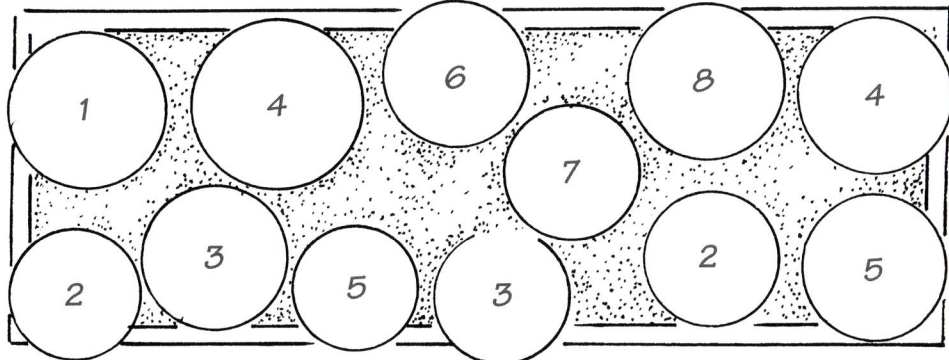

Pflanzplan

1 *Iberis umbellata* 'Appleblossom'
2 *Eschscholzia caespitosa* 'Sundew'
3 *Eschscholzia californica* 'Thai Silk Lemon Bush'
4 *Chrysanthemum coronarium* 'Primrose Gem'
5 *Lobularia maritima* 'Apricot Shades'
6 *Nigella damascena* 'Miss Jekyll'
7 *Centaurea cyanus* 'Mauve Queen'
8 *Clarkia* 'Amethyst Glow'

Bunte Wiesenmischung

Bei diesem Arrangement denkt man an blühende Sommerfelder und saftige Wiesen – und das Ganze vor dem eigenen Fenster! Es ist eine abgewandelte Form des Vorschlags von Seite 86–87.

Der hellbraun gebeizte, geräumige Naturholzkasten wirkt sehr rustikal und eignet sich hervorragend für einen Feldrand en miniature. Setzen Sie ihn an einen sonnigen Standort, genießen Sie die Blumen und Gräser und lassen Sie sich auf eine wogende Sommerwiese entführen. Sie müssen dafür nicht mühsam die Wildformen sammeln – auch Zuchtsorten, die einigermaßen authentisch aussehen, sind geeignet. In unserem Vorschlag wurden echte Feldblumen mit kleinwüchsigeren und üppiger blühenden Zuchtsorten kombiniert.

Direkt in den Pflanzbehälter gesät, gilt das Naturgesetz vom Überleben des Stärkeren. Die meisten werden es schaffen, ihren Platz zu behaupten, manche nicht. Wenn Sie viele Sorten aussäen, können Sie sich ab Mitte des Sommers sicher an wogenden Blüten und Halmen erfreuen.

Papaver commutatum 'Ladybird' ähnelt dem Feldmohn, ist aber etwas dekorativer und hat scharlachrote Blütenblätter mit einem schwarzen Fleck an der Basis. Einen hübschen Kontrast dazu bilden die maisgelben Wucherblumen *(Chrysanthemum segetum)*. Die blaue Zwergkornblume *Centaurea cyanus* 'Florence Blue', die weißen Margeriten *(Leucanthemum vulgare)* und die pinkfarbene Kornrade *(Agrostemma githago)* bringen noch mehr Farbe ins Spiel. Einjährige Gräser wie das Hasenschwanzgras *(Lagurus ovatus)*, die Mähnengerste *(Hordeum jubatum)* und das Zittergras *(Briza maxima)* lockern die „Wiese" auf.

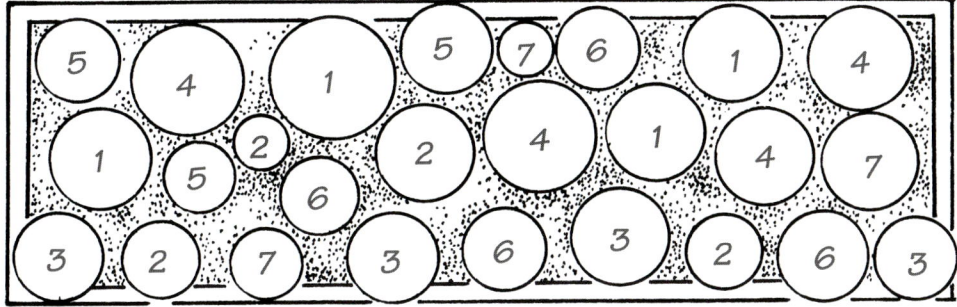

Pflanzplan

1 Wucherblume *(Chrysanthemum segetum)*

2 Mohn *(Papaver commutatum* 'Ladybird')

3 Kornblume *(Centaurea cyanus* 'Florence Blue')

4 Gartenmargerite *(Leucanthemum vulgare)*

5 Zittergras *(Briza maxima)*

6 Mähnengerste *(Hordeum jubatum)*

7 Hasenschwanzgras *(Lagurus ovatus)*

8 Kornrade *(Agrostemma githago)*

Pflanzenporträt

WILDBLUMEN

Wildblumen sind für Kästen und Töpfe nur bedingt geeignet, da bei vielen die Blüte nur von kurzer Dauer ist. Trotzdem lässt sich in einem etwas größeren Behälter der Traum von einem Stückchen unverfälschter Wiese durchaus verwirklichen.

Wildblumensamen bringt man am besten gleich nach der Reifung in die Erde – und die sollte möglichst so beschaffen sein wie am natürlichen Standort der Pflanze. Wenn eine Wildblume ihre vertrauten Bedingungen vorfindet, lässt sie sich auch in einem Behälter zum Wachsen und Blühen bewegen.

Typische Feld- und Wiesenbewohner wie Primeln *(Primula vulgaris)*, Schlüsselblumen *(P. veris)*, Fingerhut *(Digitalis purpurea)* und Kornblumen *(Centaurea)* geben sich auch mit einer sonnigen Fensterbank zufrieden. Eher in Wäldern beheimatet sind die *Anemone nemorosa*, das Hasenglöckchen *(Hyacinthoides non-scripta)* und der Hahnenfuß *(Ranunculus ficaria)*. Auf Wiesen findet man Malven *(Malva sylvestris)*, Storchschnabel *(Geranium pratense)* und Baldrian *(Valeriana officinalis)*. In Wattwiesen an der Küste gibt es erstaunlich trockenheitsresistente Pflanzen wie die Grasnelke *(Armeria maritima*, siehe Abbildung) und die Gänsekresse *(Arabis alpina)*.

Wildpflanzen werden von Spezialgärtnereien als Samen, einige sogar als Jungpflanzen angeboten. Eigentlich sind sie zum Anlegen von Wildwiesen gedacht – aber was spricht dagegen, dass sie sich auch einmal in einem großen Behälter entfalten?

Moderne City-Wüste

Dieses edle Arrangement mit Pflanzen von ausgefallenem Wuchs setzt sich aus trockenheitsliebenden Arten wie Edeldisteln *(Eryngium)* **und Agaven zusammen, die in diesen zwei Edelstahl-Trögen eine neue Heimat gefunden haben und gut auf eine moderne Terrasse oder einen Dachgarten mitten in der City passen.**

Eine gute Drainage ist wichtig, in die Behälterböden müssen also Abzugslöcher gebohrt werden. Zudem muss vor dem Einfüllen des durchlässigen, sandigen Kultursubstrats eine Schicht aus Kies oder Topfscherben eingebracht werden. Die Behälter selbst sind nicht-rostend.

Die nicht winterharte Agave bildet im Hochsommer immer wieder einen reizvollen Blickfang und ist hier eindeutig die Leitpflanze. Sie ist mit Umsicht zu pflanzen,

damit man sich im Vorübergehen nicht verletzt. Hier fiel die Wahl auf eine *Agave americana* 'Mediopicta', deren Blätter einen dekorativen gelblichen Mittelstreifen aufweisen.

Edeldisteln *(Eryngium)* benötigen für ihre langen Pfahlwurzeln eine ausreichende Bodentiefe. Sie bilden verzweigte Stängel mit stahlblauen, stachelig umkränzten Blüten. Das Dickblattgewächs *Aeonium* 'Schwarzkopf' zeigt ebenholzbraune, fleischige Blattrosetten, ganz anders als die *Astelia chathamica* mit ihren silbrigen, schwertförmigen Blattbüscheln. Die silbergrauen Blattrosetten der mehrjährigen Königskerze *(Verbascum bombyciferum* 'Polarsommer') sind im ersten Jahr weichfilzig-behaart. Die *Echeveria secunda* var. *glauca* schließlich dient als ausgefallener Bodendecker.

Der feuchtigkeitsspeichernde Mulch ist mit Glasstückchen durchsetzt, die das reflektierende Metall betonen.

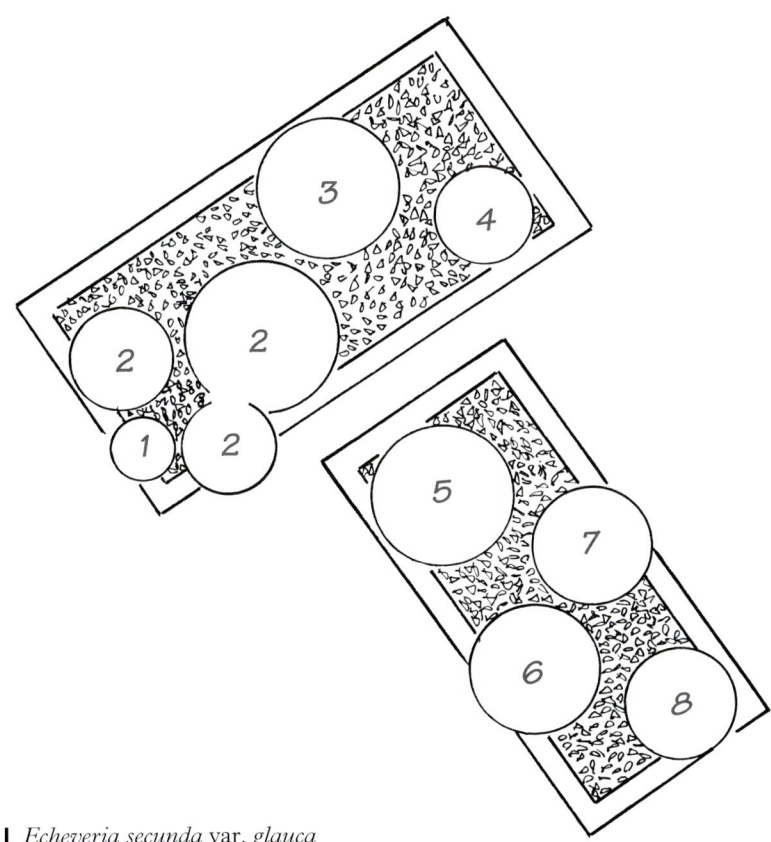

Pflanzplan

1 *Echeveria secunda* var. *glauca*

2 *Agave americana* 'Mediopicta',

3 *Eryngium* x *tripartitum*

4 *Aeonium* 'Schwarzkopf'

5 *Astelia chathamica*

6 *Verbascum bombyciferum* 'Polarsommer'

7 *Eryngium* 'Jos Eijking'

8 *Eryngium agavifolium*'

Pflanzenporträt

BLATTSCHÖNHEITEN

Wenn Ihrem Garten das gewisse Etwas fehlt, sollten Sie nach Pflanzen Ausschau halten, die durch eine besonders ungewöhnliche Wuchsform und dekoratives Blattwerk bestechen. Diese Anforderungen erfüllen zahlreiche Immergrüne sowie eine Reihe von Pflanzen, die zwar nicht winterhart sind, sich aber bei milder Witterung im Freien sehr wohl fühlen. Sie eignen sich besonders gut für Behälter, die man ja während der kalten Monate einfach an einen frostgeschützten Ort schieben kann.

Was die Augen auf sich zieht, ist meist das ungewöhnliche Blattwerk und die imposante Wuchsform, der Pflanzbehälter selbst sollte zurückhaltend sein. Agaven, Yuccas und Neuseeländer Flachs verbreiten exotisches Flair, wie man es in einem mediterranen Ambiente findet, während beispielsweise Artischocken *(Cynara scolymus)* eher in einen Landhausgarten passen. In klassisch angelegten Gärten sorgen Buchsbaum oder Eiben *(Taxus)* – vielleicht sogar mit Formschnitt – für Stil und Struktur. Auf Stadtterrassen machen sich die gelappten, glänzend-grünen Blätter der Zimmeraralie *(Fatsia japonica* oder *F.* x *Fatshedera lizei)* sehr schön oder auch das gefiederte Blattwerk der *Mahonia* x *media* 'Lionel Fortescue'. In einen kleineren Rahmen passt die immergrüne Wolfsmilch *Euphorbia characias* subsp. wulfenii (siehe Abbildung) oder auch die etwas kompaktere *E. c.* subsp. *characias* 'Humpty Dumpty'.

Er liebt mich, er liebt mich nicht …

Gänseblümchen sind der Inbegriff der „schlichten Schönheit" von Pflanzen. Sie gehören zur Familie der Korbblütengewächse, die eine Fülle von Kübel-tauglichen Arten bietet.

Bedingt winterharte, mehrjährige Wucherblumen wie das Kap-Körbchen *(Osteospermum)* blühen unermüdlich über Monate hinweg – vorausgesetzt, sie bekommen einen sonnigen Standort, werden regelmäßig ausgeputzt und gewässert und ab und zu gedüngt. Die hier vorgeschlagene Sommerbepflanzung setzt sich zusammen aus dem hellgelben, aufrecht wachsenden *Osteospermum* 'Buttermilk' und dem buttergelben, nicht ganz so strammen *O.* 'Lemon Symphony'. Beide öffnen ihre wunderhübschen Blütenköpfe, sobald es warm und sonnig ist. Gegen

Abend schließen sich die Blüten und zeigen ihre silbrigen Unterseiten.

Die Strauchmargeriten (Argyranthemum) sind vertreten durch die cremegelbe A. 'Vanilla Ripple'. Um die zurückhaltenden Pastelltöne etwas aufzupeppen, wurden einige Bärenohren (Arctotis-Hybride 'Red Devil') hinzugesetzt. Ihre aufrechten, silbrigen Stängel lugen zwischen ihren eher buschigen Nachbarinnen hervor und tragen große, orangerote Blütenköpfe.

Die goldgelben Blüten der kompaktwüchsigen Sternaugen (Pallenis maritima) erinnern fast an Goldmünzen. Mehrere Blaue Gänseblümchen (Brachyscome multifida) lassen ihre mit filigranen, grünen Blättchen und malvenfarbenen, gelbäugigen Blütenköpfchen besetzten Ausläufer über den vorderen Kastenrand ranken. Als Alternative zu dieser Randbepflanzung bietet sich auch B. 'Strawberry Mousse' mit erdbeerfarbenen Blüten an.

Diese Pflanzen, u.a. Kap-Körbchen genannt, stammen aus Südafrika, wo sie im offenen, gut durchlässigen Grasland und an Waldrändern wachsen.

Sie genießen vollsonnige Standorte und wenn verwelkte Teile regelmäßig entfernt werden, blühen sie wochenlang in allen erdenklichen Farben. Manche werden bis zu 60 cm hoch und wachsen sehr aufrecht — etwa die buttergelbe O. 'Buttermilk' –, während die blass malvenfarbene O. 'Cannington Roy' nur etwa 15 cm Höhe erreicht, sich aber dafür bis zu 60 cm ausbreitet. Bei einigen Sorten stehen die Unterseiten der Blütenblätter den Oberseiten farblich in nichts nach.

Einige wenige Arten — besonders O. jucundum und seine Verwandten — können draußen im Garten ein paar Frostgrade gut überstehen; in Behältern benötigen sie allerdings einen guten Winterschutz. In frostgefährdeten Gebieten sollte man die weniger winterharten Mehrjährigen lieber wie Einjährige behandeln, oder die im Sommer geschnittenen Stecklinge überwintern lassen.

Zu den besten Osteospermum-Sorten gehören O. 'Stardust' (dunkelrosa, frosthart), O. 'Orange Symphony'(halb-kriechend, hellorange), O. 'Whirlygig' (silbrig-weiß mit apart eingerollten Blütenrändern, siehe Abbildung), O. 'Silver Sparkler' (weiße Blüten, cremeweiß geränderte Blätter) und O. 'Nairobi Purple' (tief-purpurrot, kriechend).

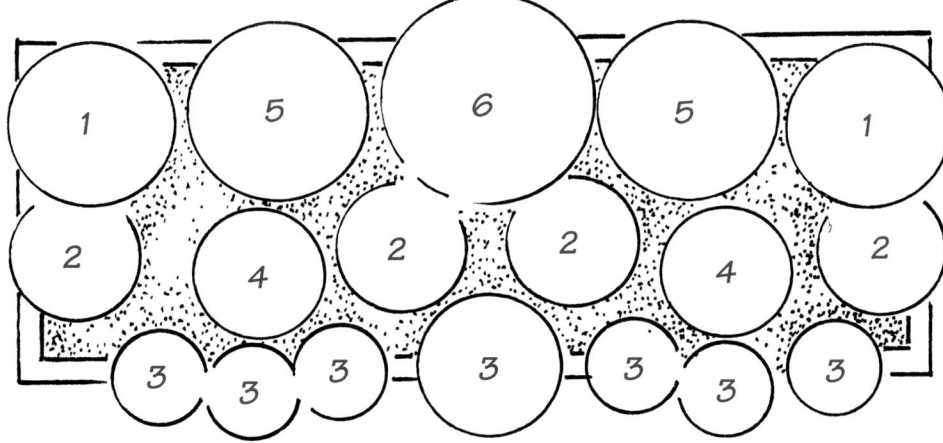

Pflanzplan

1 *Osteospermum* 'Lemon Symphony'
2 *Arctotis* x *hybrida* 'Red Devil'
3 *Brachyscome multifida*
4 *Pallenis maritima*
5 *Argyranthemum* 'Vanilla Ripple'
6 *Osteospermum* 'Buttermilk'

Erntezeit

Zwergmargeriten, Zierkohl und die zarten, orangeroten Früchte der Lampionblume verkörpern eine milde, behagliche Herbststimmung auf Balkon oder Terrasse.

Im Herbst, wenn die Temperaturen allmählich sinken, blühen viele Pflanzen nur noch zurückhaltend oder überhaupt nicht mehr. Dies gilt jedoch nicht für die Chrysantheme, die sich gerade während des Übergangs vom Sommer in den Herbst hinein noch bereitwillig mit ihren strahlenförmigen Blüten schmückt. Für Behälter am besten geeignet sind wie immer die kleinwüchsigen Sorten – hier *Chrysanthemum* 'Showmaker Action', die durch zahllose bronze-orangefarbene Blüten mit goldgelben Tupfern besticht, sowie *C.* 'Showmaker Chorus', die

kräftig pinkfarbene Blüten treibt. Außer diesen beiden gibt es noch viele andere Sorten in Schattierungen von Hellgelb bis zu Rotbronze, die alle gut in diesen rustikalen Terrakotta-Kasten passen.

Als weiterer Herbstbote wurde ein Zierkohl (*Brassica oleracea* 'Kale White Peacock') ausgewählt, dessen gekräuselte Blätter sich im Laufe der Zeit cremeweiß verfärben, manchmal auch mit einem Hauch von Rosa.

Die Lampionblume (*Physalis alkekengi* var. *franchetii*) thront stolz im Hintergrund und setzt ebenfalls einen kräftigen Farbakzent. Ihre Fruchtstände sind von einer papierartigen Kelchhülle umschlossen und wirken ausgesprochen dekorativ. Sie können sie entweder richtig einpflanzen oder nur einige Zweige in die Erde stecken. Übrigens: Jedem Pflanzbehälter lässt sich mit Schnittblumen oder mit Beeren tragenden Zweigen der letzte Pfiff verleihen.

ZWERGCHRYSANTHEMEN

Zwergchrysanthemen bringen im Spätsommer und bis weit in den Herbst hinein Farbe in jeden Pflanzbehälter. Viele von ihnen wurden gerade deswegen gezüchtet, um auch in der kühleren Jahreszeit noch eine bunte Blütenpracht sicherzustellen.

Diese kleinwüchsigen Chrysanthemen lassen sich im Frühling als Jungpflanzen oder aus Samen leicht heranziehen und weisen eine breite Farbpalette auf. Sie werden nur 30 bis 45 cm hoch und bilden breite Minibüsche. Aufgrund ihres unermüdlichen Blütenflors, der die Blätter regelrecht überdeckt (obwohl auch diese recht dekorativ sind) gehören sie zu den Lieblingspflanzen eines jeden Hobbygärtners.

Die Blüten der Zwergchrysanthemen variieren je nach Sorte in Größe, Form und Farbe. C. 'Trapeze' hat ungefüllte, bronzerote Blüten mit gelben Augen, während sie bei C. 'Foxtrot' (siehe Abbildung) kräftig pinkfarben und gefüllt sind. Hübsch anzuschauen ist auch C. 'Impresario' (gelb, relativ zart). C. 'Crimson Gala' (orangerot), C. 'Firecracker' (hellgelb) und C. 'Laureate' (orange-bronze) warten mit doppelt gefüllten Blüten auf.

Mitte Frühjahr ausgesät, erfreut C. 'Charm Early Fashion Mixed' von Spätsommer bis zum ersten Frost mit niedrigen Polstern und verschieden gefärbten Blüten außer Blau.

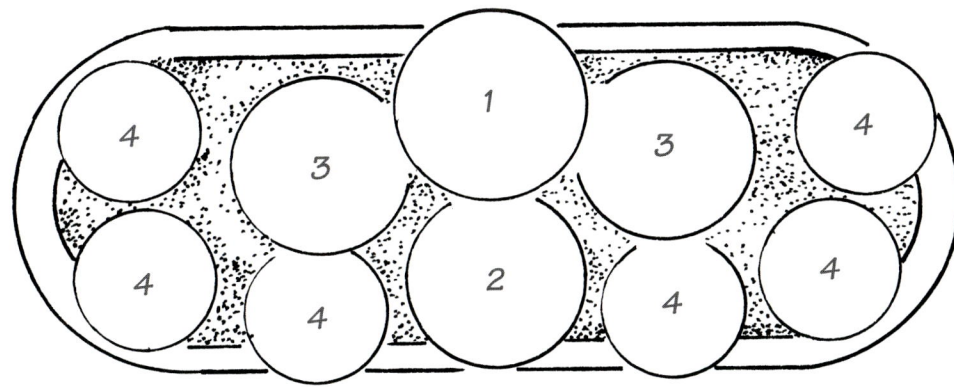

Pflanzplan

1 *Physalis alkekengi* var. *franchetii*
2 *Chrysanthemum* 'Showmaker Chorus'
3 *Chrysanthemum* 'Showmaker Action'
4 *Brassica oleracea* 'Kale White Peacock'

Herbstzauber

Dieses ruhige, zurückhaltende und sehr natürliche Arrangement besteht aus winterhartem Storchschnabel mit herbstlich gefärbten Blüten sowie grazilen Gräsern und mehreren Zeitlosen. Der Kasten von S. 94/95 wurde hier mit stämmigen Holzstücken eingefasst, um den rustikalen Charakter zu unterstreichen.

Im Hintergrund erhebt sich ein Federborstengras (*Pennisetum alopecuroides* 'Hameln'), das ab Spätsommer eine wahre Kaskade von langen Halmen mit wolligen Ähren treibt. Die dunkelgrünen Blätter dieser besonders kompakt wachsenden Sorte verfärben sich im Herbst hellgelb. Links daneben ein stolzer Spaltgriffel (*Schizostylis coccinea*) mit grasartigen Blättern, der ab Anfang Herbst Ähren mit feuerroten, sternförmigen Blüten treibt.

Im mittleren Kastenbereich tummeln sich einige Herbstzeitlose (*Colchicum* 'Waterlily'), die an ihren etwa 15 cm langen Stielen dunkelrosa-lila Blüten tragen.

Zwei weitere Gräser lockern dieses Ensemble etwas auf: Das Japanische Blutgras (*Imperata cylindrica* 'Rubra') wird nur etwa 40 cm hoch und hat aufrechte grüngelbliche Blätter, die sich im Laufe des Herbstes allmählich blutrot verfärben und im Sonnenlicht besonders reizvoll wirken.

Rechts vorne „ergießt" sich eine Segge (*Carex comans* 'Frosted Curls') über den Kastenrand, deren mintgrüne, elegant gebogene Halme einen wundervollen Hintergrund für viele Blumen abgeben.

Auf den vorderen Plätzen haben wir eine Zwergmispel (*Cotoneaster congestus* 'Nanus'), die sich im Herbst mit glänzenden, roten Beeren schmückt, sowie einen attraktiven Dalmatinischen Storchschnabel (*Geranium dalmaticum*) gepflanzt.

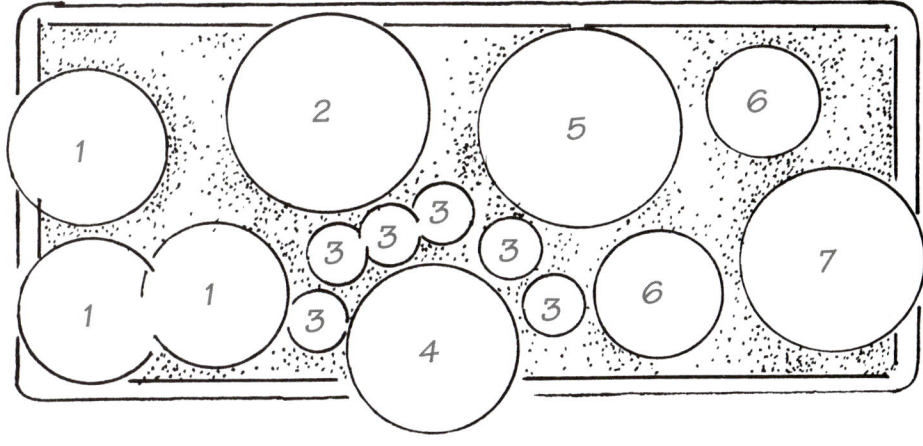

Pflanzplan

1 *Geranium dalmaticum*
2 *Schizostylis coccinea*
3 *Colchicum* 'Waterlily'
4 *Cotoneaster congestus* 'Nanus'
5 *Pennisetum alopecuroides* 'Hameln'
6 *Imperata cylindrica* 'Rubra'
7 *Carex comans* 'Frosted Curls'

Pflanzenporträt

HERBST-KNOLLENGEWÄCHSE

Wenn die üppige Blütenpracht von Frühling und Sommer allmählich von Beeren und von der Laubfärbung abgelöst wird, halten diese Herbstblüher auch spät im Jahr noch die Stellung.

Die bekanntesten Arten sind die Zeitlosen (*Colchicum*), die entfernt an Krokusse erinnern, aber insgesamt größer sind. Ihre eleganten, becherförmigen Blüten erscheinen lange vor den Blättern. Sie gedeihen am besten an einem sonnigen Standort mit durchlässigem Boden. Wenn man sie im Spätsommer, sobald die Knollen angeboten werden, 10–15 cm tief in die Erde steckt, blühen sie innerhalb weniger Wochen. Die Herbstzeitlose (*Colchicum autumnale*) ist überall leicht erhältlich und hat etwa 15 cm hohe Stiele mit hellvioletten Blüten – mit Ausnahme der weiß blühenden Sorte *C. a.* 'Album'. Einige Zeitlose haben auch gefüllte Blüten, zum Beispiel die *C.* 'Waterlily' aus unserem Arrangement.

Auch unter den Krokussen gibt es Herbstblüher. Besonders hübsch machen sie sich in Töpfen an einem vollsonnigen Standort, wo sie im Spätherbst ihre Blüten entfalten. Bei der Safran liefernden Krokusart *C. sativus* sind sie violett, während sie bei *C. speciosus* zwischen Purpurrot, Malve und Weiß variieren. *C. kotschyanus* (siehe Abbildung) entfaltet seine pink-lila Blüten bereits Anfang Herbst und damit früher als seine Artgenossen.

Eher selten als Kübelpflanze im Freien anzutreffen ist die entzückende, zart rosa blühende Nerine oder Guernsey-Lilie (*Nerine bowdenii*).

Hängegefäße

Anfangs etwas skeptisch aufgenommen, erfreuen sich Blumenampeln oder „Hanging Baskets", wie sie wegen ihrer englischen Herkunft auch bei uns genannt werden, seit Jahrzehnten wachsender Beliebtheit. Der Fachhandel bietet heute alle möglichen Körbe und Behälter plus Zubehör an, um dem Hobbygärtner das Bepflanzen so bequem wie möglich zu machen. Ein interessant bestückter und gut gepflegter Hängekorb bietet einen wahrhaft zauberhaften Anblick.

Die Bepflanzung von Hängebehältern ist die einzige Form des Gärtnerns, die keinerlei Bodenfläche erfordert. Sie bietet sich somit überall dort an, wo nur wenig oder überhaupt kein Stellplatz zur Verfügung steht. Hauswände und Trennwände aller Art lassen sich mit hübsch arrangierten Pflanzen auf diese Weise im Nu verschönern. In Verbindung mit passenden Töpfen und Balkonkästen entstehen wahre Hingucker.

In Hängekörben lassen sich vor allem bedingt winterharte Einjährige und zarte Mehrjährige ziehen, aber auch Küchenkräuter und Gemüse, alpine Pflanzen und Heidekraut. Besonders schön zur Geltung kommen natürlich Pflanzen mit langen, dekorativen Blatt- und Blütenausläufern, Gräser mit wippenden, grazil gebogenen Halmen und zwanglose Ranken bildende Pflanzen wie Buschtomaten und Erdbeeren. Mit etwas kreativem Gespür lässt sich fast jeder Behälter zu einem Pflanzgefäß umfunktionieren, von alten Eimern und Kesseln über kleine Vogelkäfige und Einkaufskörbe bis zu alten Sieben.

Wenn einige Grundanforderungen erfüllt sind – insbesondere regelmäßiges Gießen, Düngen und die Auswahl eines pflanzengerechten Standorts – können Sie den Traum vom üppig blühenden Hängegarten erfolgreich verwirklichen.

Frühlingsboten

Auch wenn die Auswahl an Frühlingsblumen für Hängegefäße begrenzt ist, kündet hier ein Potpourri aus Stiefmütterchen, Zwergstauden und Bodendeckern den Beginn des Gartenjahres an.

Frühjahrsblüher zeigen gerne ihre volle Blütenpracht – trotzdem sollte die Bepflanzung auch Grünpflanzen mit interessantem Blattwerk enthalten, um ihr mehr Fülle und Struktur zu verleihen. Im Herbst bepflanzt, bietet ein solcher Korb bereits den Winter hindurch einen hübschen Anblick, bis im Frühjahr dann die Narzissen und Stiefmütterchen hervorsprießen. Obwohl die Pflanzen winterhart sind, können ihnen unter Umständen Kälte und beißende Winde sehr zusetzen. Ein bepflanzter Hängebehälter sollte daher stets an einer geschützten Stelle platziert werden.

Weil sich das Wachstum verlangsamt, wenn der Winter naht, sollten Sie Hängekörbe für ein Winter- und Frühlingsarrangement erheblich dichter bepflanzen als für den Sommer, damit die Pflanzen nicht verloren wirken. Den Blickfang in der Mitte bildet hier ein violetter Salbei (*Salvia officinalis* 'Purpurascens'), immergrün und leicht duftend. *Narcissus* 'Tête-à-tête' mit ihren mehrfachen Blütenköpfen sowie *N.* 'February Silver' ragen aus dem Blütenmeer in Gelb und Weiß empor, während das weiß-grün-blättrige Blaukissen (*Aubrieta* 'Doctor Mules Variegata') seine lila-malvenfarbenen Blütchen erst etwas später entfaltet. Ein Immergrün *Vinca minor* 'Argenteovariegata' mit ebenfalls weiß-grün panaschiertem Blattwerk und ein Efeu (*Hedera helix* 'Eva') lassen ihre Ausläufer über den Korbrand herabfallen. Einen Kontrast dazu bietet das dunkle Laub des Günsels (*Ajuga reptans* 'Braunherz').

Pflanzplan

1 *Narcissus* 'February Silver'
2 *Salvia officinalis* 'Purpurascens'
3 *Viola* x *wittrockiana*, Ultima-Serie, gemischt
4 *Narcissus* 'Tête-à-tête'
5 *Hedera helix* 'Eva'
6 *Aubrieta* 'Doctor Mules Variegata'
7 *Vinca minor* 'Argenteovariegata'
8 *Ajuga reptans* 'Braunherz'

Pflanzenporträt

VEILCHEN, STIEFMÜTTERCHEN

Veilchen und Stiefmütterchen (*Viola* x *wittrockiana*) sind altbewährte und beliebte Behälterpflanzen. Sie lassen sich bei ausreichender Düngung, guter Wässerung und regelmäßigem Ausputzen zu monatelanger Blüte animieren. Seit es auch winterblühende Sorten gibt, kann man sich an diesen Blumen rund ums Jahr erfreuen.

Die zweijährigen Stiefmütterchen sind Züchtungen aus *Viola* x *wittrockiana* (Wittrockiana-Hybriden) und Kreuzungen verschiedener Arten, darunter *V. cornuta* (Hornveilchen) und *V. tricolor*.

Obwohl mehrjährig, werden Stiefmütterchen in der Regel wie Zwei- oder Einjährige behandelt. Andere Arten gelten als echte Mehrjährige, allerdings ist ihre Lebensspanne im Pflanzgefäß begrenzt. Von Veilchen und Stiefmütterchen werden jede Menge Sorten als Samen angeboten. Züchtungen mit Eigennamen vermehrt man am besten über Stecklinge im Frühjahr oder Sommer. Diese Blumen gedeihen an jedem sonnigen oder halbschattigen Standort; je dunkler sie stehen, desto länger und dünner werden aber die Stängel.

Zu den bekanntesten Züchtungen gehören *V.* 'Irish Molly' (ungewöhnlich goldbraun blühend) und *V.* 'Jackanapes' (lila und sonnengelb) sowie *V.* 'Freckles' (weiß mit lila Sprenkeln, siehe Abbildung). Das Hornveilchen (*V. cornuta*) ist eine immergrüne Mehrjährige und trägt lavendelblaue Blüten.

Von den vielen Stiefmütterchen-Saatmischungen bietet die winterblühende Ultima-Serie die größte Farbpalette.

Luftiger Steingarten

Dieser mit verschiedenen Hauswurz-Arten bepflanzte Tuffstein ist das ganze Jahr über ein echter Blickfang. Sukkulenten gibt es in zahlreichen Sorten. Sie bilden fleischige Blattrosetten mit unterschiedlichen Farben und Oberflächen und haben im Sommer rote, pinkfarbene oder gelbe Blüten zu bieten.

Tuff ist ein sehr leichtgewichtiger, poröser Kalkstein, der Feuchtigkeit gut aufsaugen und speichern kann – also eine ideale Grundlage für winzige Pflänzchen, die von Haus aus nur flaches oder kaum Erdreich gewohnt sind.

An einem Wandhaken aufgehängt, vermag auch schon ein kleinerer Tuffstein kleinwüchsige Sukkulenten, Steingartenpflanzen oder gar Kakteen apart in Szene zu setzen. Zum Bepflanzen werden zunächst mindestens 10 cm tiefe

und 2,5 bis 5 cm breite Löcher in den Stein gebohrt: die seitlich liegenden schräg nach unten und die weiter oben liegenden vertikal. Legen Sie den Stein anschließend über Nacht in Wasser, damit er sich gut vollsaugen kann. Danach in jedes Pflanzloch erst etwas Sand und dann eine kleine Menge Kultursubstrat geben.

Wählen Sie möglichst junge Pflänzchen aus und spülen Sie die an ihnen haftende Erde vor dem Einsetzen gut ab. Etwas zusätzliche Erde dazugeben und mit einem Wattestäbchen oder Bleistiftende festdrücken. Mit kleinen Tuffstückchen lassen sich die Pflanzen bei Bedarf festklemmen oder aufrichten.

Wenn Sie keinen Tuffstein finden, tut es auch ein kleiner mit Moos ausgekleideter Hängekorb, in den Sie einfach einige verwitterte Steine legen. Bodendecker wie Fetthenne *(Sedum)* und Hauswurz *(Sempervivum)* werden ihn im Nu erobern!

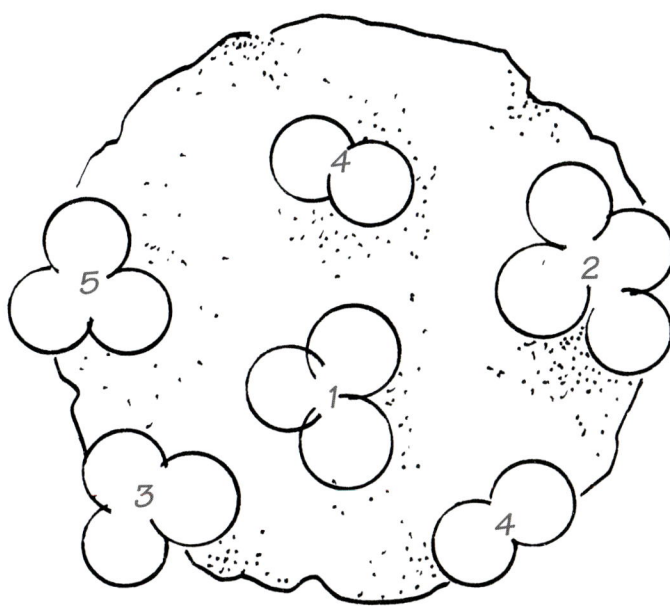

Pflanzplan

1 *Sempervivum arachnoideum*
2 *Sempervivum* 'Commander Hay'
3 *Sempervivum giuseppi*
4 *Sempervivum montanum*
5 *Sempervivum tectorum*

Pflanzenporträt

SUKKULENTEN

Ob in praller Sonne auf einer Veranda, wo andere Pflanzen über kurz oder lang aufgeben würden, oder in einem Pflanztrog, der eher selten Gießwasser abbekommt – Sukkulenten gedeihen auch bei solch extremen Bedingungen prächtig. Ihre dickfleischigen Blätter sowie Stiele und Wurzeln können bei Regen Feuchtigkeit speichern, so dass sie auch trockene Perioden gut überstehen.

Die Vertreter dieser Pflanzenfamilie sind von bizarrem Wuchs und werden häufig zusammen mit Kakteen gepflanzt (die allerdings nicht frosthart sind wie die Sukkulenten).

Der Hauswurz *(Sempervivum,* siehe Abbildung) und die Fetthenne *(Sedum)* sind in Gebieten mit gemäßigtem Klima beheimatet und frostbeständig. Eine ganze Reihe von Kakteen und Sukkulenten wie zum Beispiel Agaven, Aeonium und Echeverien stammen jedoch aus den überwiegend trockenen Ländern Mittel- und Südamerikas und müssen drinnen überwintern. Hübsch gruppiert, präsentieren sie sich in ihren kontrastreichen Wuchsformen und Blattstrukturen.

Sukkulenten passen in Behälter jeder Größe, sogar in ganz flache. Wählen Sie Pflanzgefäße, die zu ihrer Wuchsform passen – also flache Schalen für kriechende oder Rosetten bildende Sorten oder bauchige Gefäße für höhere und verzweigte Sukkulenten wie Aeonium. Geben Sie den Pflanzen auf jeden Fall sandige, gut durchlässige Erde und vermeiden Sie Staunässe, besonders im Winter.

Feuerbälle

Es ist erstaunlich, wie ein Hängekorb alle Blicke auf sich ziehen kann, egal, ob er nur mit einer einzigen Blumenart bepflanzt ist oder ein kunterbuntes Pflanzenpotpourri bietet.

Um eine feurige Farbexplosion hervorzurufen, ist ein Hängekorb bestens geeignet, da er sich von außen durch das Geflecht hindurch bepflanzen lässt und deshalb irgendwann rundum von verschiedenfarbenen Blüten umgeben ist. Ein wenig hängt dies jedoch auch von der jeweiligen Pflanze ab – manche sind dermaßen wuchs- und rankfreudig, dass sie auch geschlossene Hängebehälter innerhalb kürzester Zeit überwuchern. Dazu zählen zum Beispiel Ampelbegonien, Fuchsien und Hängepelargonien. Manche sollte man sogar eher in Einzelbe-

hältern ziehen, da sie andere, etwas langsamer wachsende Pflanzen im Nu überwuchern, zum Beispiel Hängepetunien.

Der am dichtesten bepflanzte Hängekorb vorne enthält verschiedene Vertreter des Fleißigen Lieschens (*Impatiens* 'Lavender Orchid', Fiesta-Serie), eine blühfreudige Sorte mit gefüllten, pinkfarbenen Blüten. Werden sie regelmäßig zurückgeschnitten, wachsen sie unermüdlich und überwuchern den Korb sehr dekorativ.

Im Hängekorb darüber bietet *Pelargonium* 'Blizzard Pink' ein wahres Blütenmeer. Bei Pflanzung zu Saisonbeginn passen etwa fünf Exemplare in den etwa 30 cm großen Behälter. Komplettiert wird das Trio durch den Korb rechts, der nur mit Verbenen bepflanzt wurde, und zwar mit den Sorten *Verbena* 'Diamond Merci' (samtig dunkelrot), *V.* 'Diamond Topaz' (blauviolett) und *V.* 'Diamond Butterfly' (rosa).

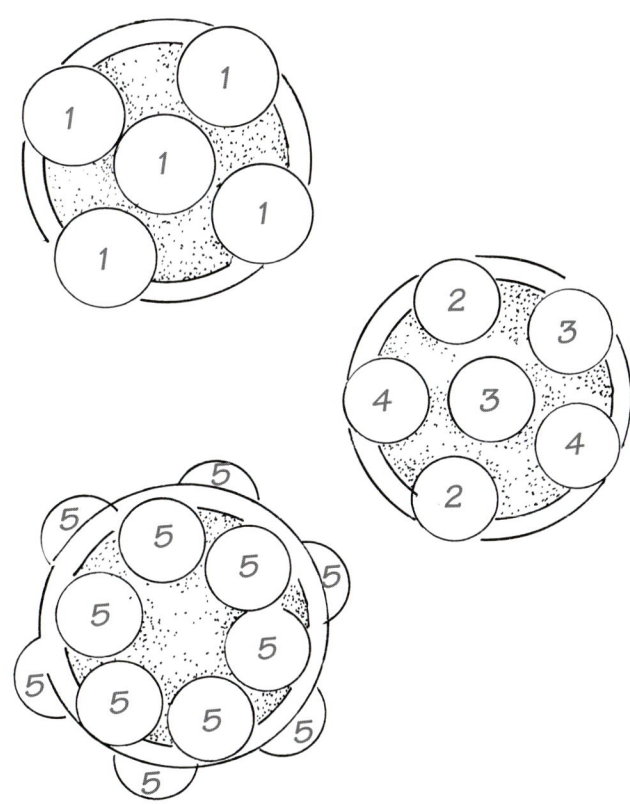

Pflanzplan

1 *Pelargonium* 'Blizzard Pink'
2 *Verbena* 'Diamond Merci'
3 *Verbena* 'Diamond Topaz'
4 *Verbena* 'Diamond Butterfly'
5 *Impatiens*, Fiesta-Serie, 'Lavender Orchid'

BEDINGT-WINTERHARTE

Bedingt winterharte einjährige Pflanzen werden vor allem wegen ihres lang andauernden Blütenflors gehalten. Wenn Sie verblühte Teile regelmäßig entfernen oder allzu lange Triebe – besonders bei Petunien – gelegentlich abknipsen, blühen diese Pflanzen monatelang, bis der erste Frost einsetzt.

Studentenblumen *(Tagetes)* in Gelb, Orange und Bronze gehören zu den anspruchslosesten Kübelbewohnern, ebenso wie die Petunien, deren zahllose Sorten Blüten jeder Größe und Farbe bieten. Die meisten bevorzugen es sonnig, nur das Springkraut *(Impatiens)* – bekannter als „Fleißiges Lieschen" – und die Begonien gedeihen eher im Schatten. Springkraut gibt es in vielen Farbnuancen von Rosa, Rot und Orange; Begonien sind entweder weiß, rosa oder rot, aber viele schmücken sich zudem noch mit grünen oder bronzefarbenen Blättern. Ein groß angelegtes Zuchtprogramm hat viele neue hervorragende Sorten hervorgebracht, die so genannten F1-Hybriden. Sie kosten zwar etwas mehr, wachsen aber dafür schön kompakt, weisen eine einheitliche Höhe und Blütenfarbe auf und sind sehr zuverlässige, langblühende Behälterpflanzen.

Bei bedingt winterharten Einjährigen vollzieht sich die Vegetationsperiode – Wachstum, Blüte, Samenbildung – innerhalb einer Jahreszeit. Viele wären theoretisch mehrjährig, werden aber am Ende der Saison nicht aufgehoben. Das Überwintern ist für den Hobbygärtner zu kompliziert und lohnt den Aufwand nicht.

Rankende Blütenpracht

Einjährige Schling- und Klettergewächse werden bei der Bepflanzung von Hängekörben oft vergessen – dabei machen sie darin eine gute Figur, blühen doch die meisten den ganzen Sommer über. Man kann sie an Rankhilfen hochziehen oder ihre langen Triebe einfach locker und natürlich herabhängen lassen.

Dieser üppig bepflanzte Korb beherbergt eine Schwarzäugige Susanne *(Thunbergia alata)* mit Blüten in Orange, Cremeweiß oder Gelb mit dunkler Mitte. Besonders hübsch ist *T. a.* 'Blushing Susie', eine ungewöhnliche Saatmischung mit den sehr aparten Blütenfarben Erdbeerrot, Lachsrosa, Elfenbein und Apricot. Zwischen ihren Ausläufern windet sich eine Schönranke *(Eccremocarpus scaber)* hindurch – ein rasch wachsender Kletterer, dessen un-

zählige Blüten in Rot, Orange und Gelb monatelang erfreuen. Den Orange-Bereich führt die Sternwinde (Ipomoea lobata, auch Quamoclit lobata) fort. Interessant ist die Färbung ihrer kleinen Blüten: Beim Aufblühen sind sie leuchtend rot, später orange, dann gelb und zum Schluss fast weiß.

Am anderen Ende des Farbenspektrums präsentiert sich der Purpurglockenwein (Rhodochiton atrosanguineus), der das tro-

pisch anmutende Hängearrangement mit seinen rot-violetten Glockenblüten abrundet. Allzu wild wuchernde Triebe werden einfach in das bunte Geschlinge eingeflochten, festgebunden oder abgeschnitten, um einen buschigen Wuchs zu fördern.

Jede dieser Schlingpflanzen kann auch alleine gehalten werden und wird jede Hängeampel im Nu in ein Blütenmeer verwandeln – das gilt vor allem für den Purpurglockenwein.

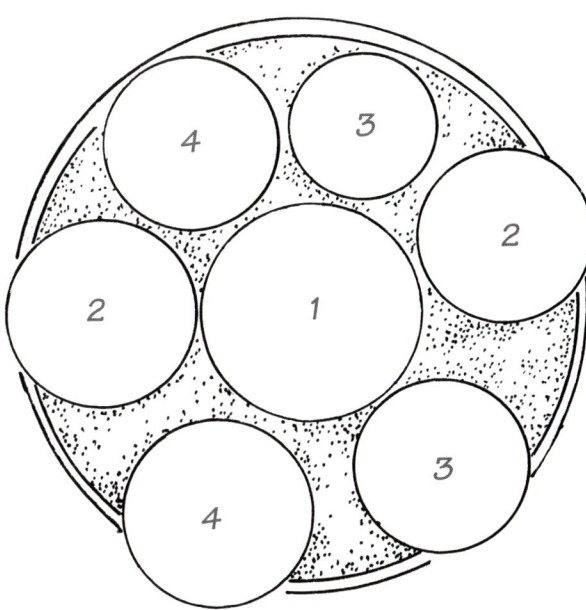

Pflanzplan

1 *Ipomoea lobata*, auch *Quamoclit lobata*
2 *Eccremocarpus scaber*
3 *Thunbergia alata*
4 *Rhodochiton atrosanguineus*

Pflanzenporträt

EINJÄHRIGE SCHLINGER

Frühzeitig aus Samen gezogen, erreichen die meisten einjährigen Kletterpflanzen bis zur Sommermitte imposante Höhen von 2 m oder mehr. Reizvolle Kombinationen lassen sich erzielen, wenn man Arten von gleicher Wuchskraft zusammensetzt und an einem Rankgerüst hochzieht.

Die wohl beliebteste der einjährigen Schlingpflanzen ist die Duftwicke *(Lathyrus odoratus)*. Sie bevorzugt einen tiefgründigen Boden und hat es im Wurzelbereich gerne kühl und gut feucht.

Auch die Pracht- oder Prunkwinden *(Ipomoea)* erfreuen sich großer Beliebtheit. Ihre großen Trichterblüten entfalten sich frühmorgens in voller Pracht und sind bis zum Abend wieder verblüht. Obwohl sie grundsätzlich eher einen warmen, geschützten Standort bevorzugen, hält ihre Blüte an einer halbschattigen Stelle etwas länger an. Zu empfehlende Sorten sind die mexikanische Blaue Prachtwinde *I. tricolor* 'Heavenly Blue' (Blüten himmelblau, zur Mitte zu weißlich); *I. t.* 'Flying Saucer' (blau-weiß bzw. violett-malvenfarbig); *I. t.* 'Star of Yelta' (rot-violett mit pinkfarbener Mitte, siehe Abbildung); *I. nil* 'Scarlett O'Hara' (karminrot). *I.* 'Mini Sky Blue' zeigt relativ kleine, blaue Trichterblüten.

Die Kardinal-Prachtwinde *I. quamoclit* hat kräftig-scharlachrote Blüten und hübsches Blattwerk und eignet sich ideal für einen geschützten, vollsonnigen Standort, ebenso wie die Helmbohne *Lablab purpureus*, die duftende weiße oder purpurrosa Blüten und rötlich-violette Blätter trägt.

Prachtvoller Sommerflor

Für dieses knallbunte Arrangement wurden die unterschiedlichsten Sommerblumen zusammengestellt. Eine solche Farbexplosion bedingt aber einen vollsonnigen Standort.

Für diese Vielfalt an Pflanzen wird ein Hängekorb mit einem Durchmesser von 40 cm benötigt – und selbst bei dieser Größe wird er über kurz oder lang überborden vor Blättern und Blüten. Die Sommerblumen werden in drei Ebenen durch das Korbgeflecht von außen in den mit Moos ausgepolsterten Korb geschoben.

Im Mittelpunkt steht *Pelargonium* 'Crystal Palace Gem', eine äußerst blühfreudige Pelargonie mit grün-weiß panaschierten Blättern und lachsrosa Blüten. Sie ist umgeben von *Petunia* 'Million Bells Cherry' mit kleinen roten

Trichterblüten, *P.* 'Priscilla' der Tumbelina-Serie mit malvenvioletten Blüten sowie *Verbena* 'Temari Scarlet'. Weiterhin wurden noch zwei Hängepelargonien, *P.* 'L' Élegante' (silbrig-malvenfarbene Blüten) sowie *P.* 'Yale' (samtig-dunkelrote Blüten), dazugepflanzt.

Mit von der Partie sind auch der Zweizahn (Goldfieber) *Bidens ferulifolia* mit feinfingrigen Blättern und goldgelben Sternblüten und die Fächerblume *Scaevola aemula* 'Blue Wonder' mit blauvioletten Fächerblüten und fleischigen Blättern. Aufgefüllt wird die obere Bepflanzung durch Hängelobelien in Blau, Rosa und Rot.

Die mittlere Pflanzebene bestreiten *Verbena* 'Lanai Purple', *Fuchsia* 'Jack Shahan', Gundermann (*Glechoma hederacea* 'Variegata') mit grün-weißen Blättern sowie *Petunia* 'Surfinia Sky Blue'.

Die unterste Ebene wurde mit weiteren Hängelobelien bepflanzt.

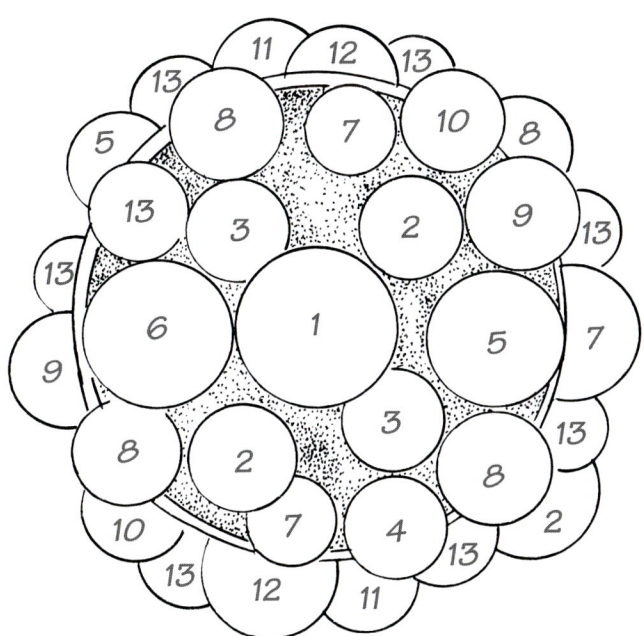

Pflanzplan

1 *Pelargonium* 'Crystal Palace Gem'
2 *Petunia* 'Priscilla'
3 *Petunia* 'Million Bells Cherry'
4 *Pelargonium* 'Yale'
5 *Verbena* 'Temari Scarlet'
6 *Pelargonium* 'L'Élegante'
7 *Bidens ferulifolia*
8 *Scaevola aemula* 'Blue Wonder'
9 *Verbena* 'Lanai Purple'
10 *Fuchsia* 'Jack Shahan'
11 *Glechoma hederacea* 'Variegata'
12 *Petunia* 'Surfinia Sky Blue'
13 *Lobelia erinus*, gemischt

Pflanzenporträt

PELARGONIEN

Als sommerblühende Kübelpflanze ist die Pelargonie (auch Geranie genannt) schon wegen ihrer ungeheuren Sortenvielfalt, ihrer Anpassungsfähigkeit und Blühfreudigkeit kaum zu schlagen.

Alle Sorten bevorzugen einen vollsonnigen Standort und vertragen es manchmal auch trocken. Sie lassen sich leicht aus Stecklingen heranziehen; Winterschutz ist nur in frostgefährdeten Gebieten erforderlich.

Die größte Gruppe bilden die „Zonal-Pelargonien". Sie haben meist rundliche Blätter, oft mit einer dunkler gefärbten Zone in der Mitte. Die Blütendolden erheben sich an kräftigen Stängeln über dem Blattwerk und sind einfach, halbgefüllt oder gefüllt. Die Blätter der Pelargonien sind oft genauso dekorativ wie die Blüten. Zu diesen Blattschönheiten gehören zum Beispiel *P.* 'Contrast', *P.* 'Happy Thought' und *P.* 'Mr. Cox.' Die blühfreudigen und kompaktwüchsigen 'Stellar'-Sorten haben sternförmige Blüten und spitz zulaufende Blätter. *P.* 'Strawberry Fair' trägt pink-rote, zur Mitte zulaufend weißliche Blüten, während *P.* 'Bird Dancer' (siehe Abbildung) hellrosa, schmalblättrige Blütensterne über dunklem Blattwerk zeigt.

Die Efeu- oder Hängepelargonien schätzt man wegen ihrer kriechend-hängenden Ausläufer und ihres Blütenreichtums. Und dann gibt es noch Pelargonien mit duftenden Blättern: zum Beispiel *P.* 'Lady Plymouth', deren panaschierte Blätter nach Eukalyptus riechen und *P.* 'Mabel Grey', deren Blätter einen leichten Zitronenduft verströmen.

Für schattigere Winkel

Die richtigen Pflanzen für jeden Standort auszuwählen ist gar nicht so einfach. Wie im Garten haben sie auch im Hängekorb ihre besonderen Vorlieben und Bedürfnisse. Bei diesem Vorschlag wird die Hängeampel von Seite 108/109 mit Blumen bestückt, die etwas mehr Schatten vertragen.

Das Springkraut oder Fleißiges Lieschen *Impatiens* ist in den letzten 20 Jahren auf der Beliebtheitsskala weit nach oben gerückt und gehört heute zu den am weitesten verbreiteten Beetpflanzen. An Standorten mit starker Sonneneinstrahlung welkt es um die Mittagszeit etwas vor sich hin, hat sich aber bis zum Abend schon wieder erholt. Gibt man ihm jedoch von vornherein ein eher kühleres, halbschattiges Plätzchen, grünt und blüht es tagein, tagaus unermüdlich.

Die Vertreter der Accent-Serie bestechen durch besonders hübsche Blütenfarben und die Sorte 'Chelsea' bietet eine reiche Palette von Rosatönen, die eine gelungene Ergänzung zu den Blütenfarben der beiden Hängefuchsien abgeben: *Fuchsia* 'Annabel' mit ihren weißen, rosa überhauchten und gefüllten Blüten und *F.* 'Quasar' mit ebenfalls gefüllten, weiß-violetten Blüten.

Auch Begonien mögen es im Hochsommer eher etwas kühler – sie gehen zwar bei voller Sonne nicht gleich ein, blühen aber dann weniger reichlich, so dass man sie während der heißesten Tageszeit etwas schützen sollte. *Begonia* 'Illumination Salmon Pink' und *B.* 'Illumination Apricot' bestechen durch besonders große, eindrucksvolle Blüten.

Eine Schneeflockenblume (*Sutera* 'Olympic Gold') vervollständigt dieses üppige Arrangement mit gelb-grünen Blättern und weißen Blüten.

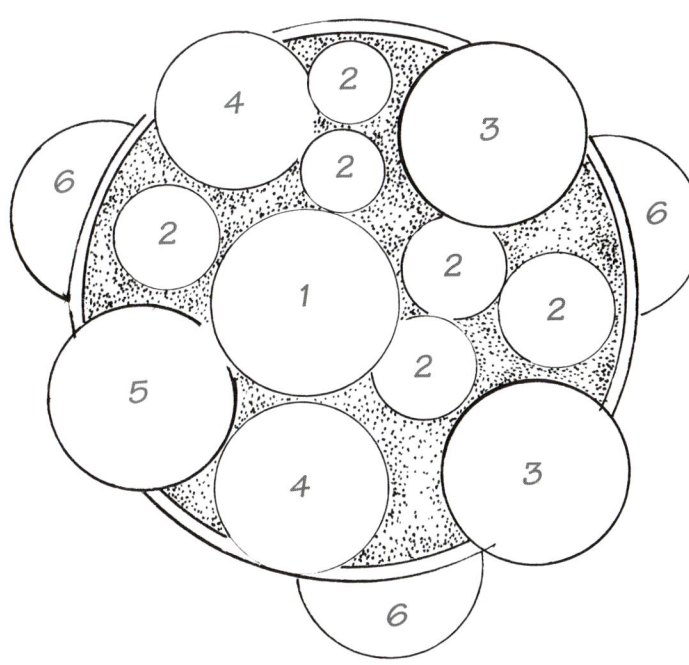

Pflanzplan

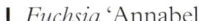

1 *Fuchsia* 'Annabel'
2 *Impatiens* Accent-Serie, Chelsea gemischt
3 *Begonia* 'Illumination Apricot'
4 *Fuchsia* 'Quasar"
5 *Begonia* 'Illumination Salmon Pink'
6 *Sutera* 'Olympic Gold'

Pflanzenporträt

FUCHSIEN

Nur wenige Pflanzen sind so vielseitig einsetzbar wie Fuchsien. Die hängenden Arten lassen ihre großzügig mit Blüten besetzten Triebe nonchalant herabfallen, während die aufrecht wachsenden als Einzelexemplare einen atemberaubenden Blickfang bieten können.

Sehr dekorativ machen sich auch mehrere Vertreter derselben Sorte nebeneinander gruppiert. Fuchsien, die als Hochstämmchen gezogen werden, bieten stets Gesprächsstoff.

Bei relativ geringem Pflegeaufwand blühen Fuchsien Jahr für Jahr den ganzen Sommer lang. Sie bevorzugen einen eher kühlen Standort und beständig feuchten Boden – sind aber insgesamt erstaunlich tolerant.

Zu den schönsten Hängefuchsien gehören *F.* 'Dancing Flame' (orange), *F.* 'Blue Veil' (weiß/lavendelblau) und *F.* 'Swingtime' (rot/weiß).

Einfache Arten sind *F.* 'Red Spider' (tief karminrot), *F.* 'Eva Boerg' (rot-violett/cremeweiß, siehe Abbildung) und *F.* 'Auntie' (rosa-violett/cremeweiß).

Zu den buschig und aufrecht wachsenden Arten zählen *F.* 'Waltz Jubelteen' (bonbonrosa), *F.* 'Dark Eyes' (rot/violett), *F.* 'Ting-a-ling' (weiß), *F.* 'Leonora' (hellrosa) und *F.* 'Celia Smedley' (weiß/rosa).

Bunt wie Bonbons

Fast zum Anbeißen schön ist diese Mischung aus Elfensporn, Zwerg-Löwenmäulchen und Petunien in Sahneweiß, Bonbonrosa und Erdbeerrot.

Das winterharte, mehrjährige Purpurglöckchen *Heuchera* 'Chocolate Ruffles' mit seinen muschelförmigen Blättern, oberseits purpurrot, unterseits burgunderrot, steht im Mittelpunkt der Bepflanzung. Wegen ihres attraktiven Blattwerkes eignen sich übrigens viele solcher winterharten Arten oder auch Zwergsträucher als Blickfang in großen Hängekörben.

Um das Purpurglöckchen gruppieren sich verschiedene Petunien und mehrere rosa blühende Elfensporne *(Diascia)*. D. 'Pink Panther' treibt hellrosa Blüten mit einem dunkelrosa Fleck in der Mitte, während die Blüten der

D. 'Redstart' das bislang kräftigste Rot aller Elfensporn-Sorten zeigen. *D. barberae* 'Ruby Field' ist eine schon ältere, frostbeständige Sorte, die man sonst meist in Steingärten und an Beetumrandungen findet. Sie schmückt sich den ganzen Sommer über mit pinkfarbenen Blüten.

Seitlich befindet sich noch eine weitere Hängepflanze, ein Löwenmäulchen von eher niedrigem Wuchs und fast kriechenden Trieben (*Antirrhinum hispanicum* 'Ava-lanche'). Die weißen Blüten haben eine gelbe Mitte. Ein Stockwerk tiefer schickt eine Schneeflockenblume (*Sutera* 'Lavender Storm') ihre dicht mit Blättchen und lavendelfarbenen Blüten besetzten Ausläufer in Richtung Boden.

Die Köcherblume *Cuphea llavea* 'Georgia Scarlet' (syn. *C.l.* 'Tiny Mice') besticht durch rotviolette Blüten mit blauschwarzem Schlund, die an einen Mickymaus-Kopf mit roten Ohren erinnern.

Diese Pflanzengruppe umfasst kriechende, Polster bildende und sonnenhungrige mehrjährige Arten und Sorten. Sie stammen aus Südafrika und sind als Kübelpflanzen sehr beliebt. Elfensporne bestechen durch eine lange Blühdauer und ihr buntes, frohes Farbenspiel. Im Sommer bilden sie rosa Blüten mit fünf Blütenblättern.

Es kommen ständig neue Züchtungen auf den Markt. Eine etwas größere Sorte ist *D. rigescens* mit üppigen, dunkelrosa Blütenständen; *D. barberae* 'Blackthorn Apricot' (apricot) und *D.* 'Salmon Supreme' (lachsrosa) bleiben beide etwas niedriger. *D.* 'Ice Cracker' blüht reinweiß und *D.* 'Little Dancer' gehört zu den kleinsten, aber triebfreudigsten Elfenspornen und bildet dichte rosa Polster.

Diese Pflanzen bevorzugen feuchten, aber gut durchlässigen Boden und einen vollsonnigen Standort. Die eine oder andere wird ein paar Frostgrade unbeschadet überstehen, die meisten reagieren auf Kältegrade jedoch empfindlich. Staunässe im Winter ist grundsätzlich zu vermeiden. Im Sommer können sie kleinere Pflanzbehälter im Handumdrehen überwuchern und mit überlangen Trieben ziemlich ins Kraut schießen. Durch rigoroses Zurückschneiden und eine Flüssigdüngergabe lassen sie sich wieder verjüngen und in Form bringen. Da ihre rankend-kriechenden Triebe während ihrer Wanderung Wurzeln schlagen, erfolgt die Vermehrung einfach durch Teilen bereits bestehender Pflanzen im Frühling oder Sommer – oder im Sommer durch Abtrennen nichtblühender Triebe.

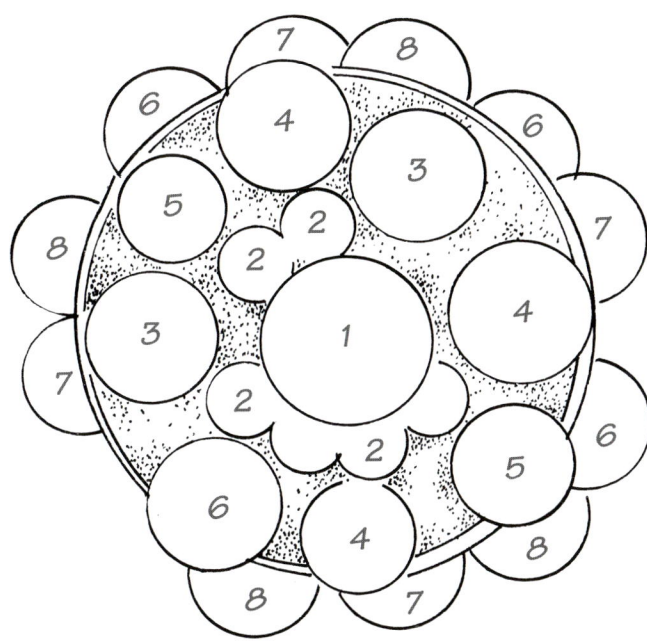

Pflanzplan

1 *Heuchera* 'Chocolate Ruffles'
2 *Petunia*, cremeweiß oder gelb
3 *Diascia* 'Pink Panther'
4 *Diascia* 'Redstart'
5 *Cuphea llavea* 'Georgia Scarlet'
   (syn. C. l. 'Tiny Mice')

6 *Antirrhinum hispanicum*
   'Avalanche'
7 *Diascia barberae* 'Ruby Field'
8 *Sutera* 'Lavender Storm'

Rosenduett

Selbst relativ großwüchsige Pflanzen halten es eine Zeit lang in Hängegefäßen aus. Boden deckende Rosen sind hierfür ein gutes Beispiel – anders als ihre aufrechten, buschigen Verwandten können sie bei guter **Wässerung, Düngung** und regelmäßigem **Rückschnitt** durchaus einige **Jahre** in einem **Hängebehälter überleben.**

Für dieses reizvolle Rosenduett wurden zwei extra große, kräftige Wandkörbe ausgesucht, um den Wurzelballen so viel Raum wie möglich zu bieten. Die Körbe wurden mit Kokosfasermatten ausgekleidet; als Alternativen bieten sich Schaumstoff, Moos oder schwarze Plastikfolie an.

Jeder Korb wurde mit einer einzigen Bodendeckerrose aus der 'County'-Gruppe bepflanzt. *Rosa* 'Hamp-

shire' bildet einen dichten Strauch, der nur 30 cm in die Höhe strebt, dafür aber bis zu 80 cm in die Breite gehen kann. Sie trägt den ganzen Sommer und Herbst über einfache hell-scharlach-rote Blüten mit auffällig goldgelben Staubgefäßen. Im Herbst schmückt sie sich mit schönen orangeroten Hage-butten.

Rosa 'Sussex' hingegen hat große Bü-schel mit apricotfarbenen Blüten zu bieten, die an elegant geneigten Stielen sitzen.

Wenn die Rosen ihre beste Zeit hinter sich haben und etwas müde wirken, kann man sie im Herbst oder Anfang Frühjahr einer Verjüngungskur unterziehen: Neh-men Sie die Rosen aus dem Korb heraus, schütteln Sie das Erdreich ab, schneiden Sie die Wurzeln etwas zurück, spendieren Sie ihnen frische Erde und pflanzen Sie sie wieder ein.

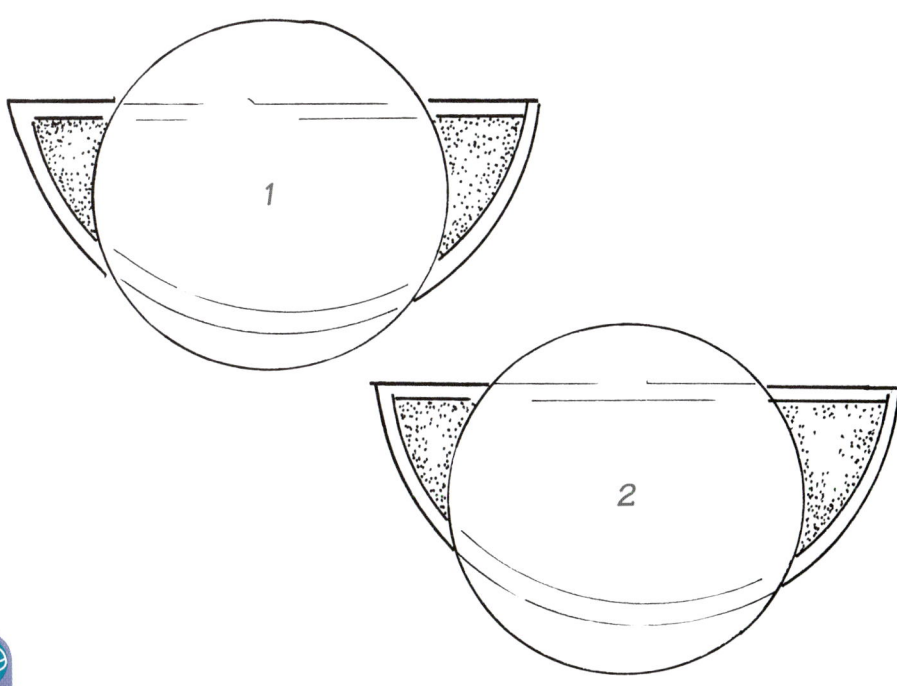

Pflanzplan

1 *Rosa* 'Hampshire'
2 *Rosa* 'Sussex'

Boden deckende Rosen sind für Pflanzbehälter geeignet. Dort lässt man sie entweder ungehindert vor sich hin ranken oder zieht sie an Spalieren oder Formgittern hoch.

Zu den besten Rosen dieser Art gehören die Ver-treterinnen der 'County'-Gruppe, etwa die *Rosa* 'Sussex' (siehe Abbildung). Da sie mehrmals blüht, können Sie sich lange an ihr erfreuen. Die Farbpa-lette reicht von Reinweiß über Pink und Gelb bis zu Rot, und die Blüten gibt es einfach, halbgefüllt oder gefüllt. *R.* 'Avon' trägt doppelt gefüllte Blüten, die sich aus hellrosa Knospen weiß entfalten. Die be-sonders wuchsfreudige *R.* 'Gwent' muss durch ener-gisches Rückschneiden zur Räson gebracht werden, bildet aber dafür lange Zeit zitronengelbe Blüten. *R.* 'Rutland' ist zarter und zeigt blassrosa Blüten, während *R.* 'Northamptonshire' cremeweiß blüht.

Obwohl die meisten Bodendeckerrosen nur wenig Dornen haben, sollte man den Standort immer so wählen, dass sie für Passanten keine Gefahr darstellen. Um die Bepflanzung im Sommer noch etwas lebendiger zu gestalten, kann man eine Schlingpflanze – etwa eine Kapuzinerkresse *(Tropaeolum peregrinum)* oder einen Purpur-glockenwein *(Rhodochiton atrosanguineus)* – durch die Rosenzweige klettern lassen.

Die Rosen gedeihen am besten an einem son-nigen oder halbschattigen Platz und bei gelegent-licher Gabe eines speziellen Rosendüngers. Ver-blühte Blütenzweige müssen Sie abschneiden und bis zur nächsten Knospe einkürzen.

Duftender Kräuterkorb

Seit jeher zieht man Kräuter in Töpfen, doch in Hängekörben sind sie besonders praktisch, da sie nicht einmal eine Stellfläche benötigen und trotzdem immer griffbereit sind.

Die Kräuter wurden in einen mit Plastikfolie ausgekleideten Weiden- oder Rattankorb mit Abflusslöchern gesetzt

und lassen sich leicht teilen und verpflanzen, wenn sie zu groß werden. Für den hier gezeigten Vorschlag wurden gezielt Kräuter ausgewählt, die mehrere Wochen wachsen können, bevor sie herausgenommen werden müssen. Die meisten duften und schmecken so gut, wie sie aussehen.

Das Mittelfeld bestreitet ein Salbei der Sorte *Salvia officinalis* 'Tricolor' mit rosa-cremeweiß-grün-gemusterten Blättern, die gut mit den rosa Blüten des *Origanum*

laevigatum 'Herrenhausen' harmonieren, einem höchst dekorativen Vertreter seiner Art. Über dem halb hängenden *Thymus* x *citriodorus* 'Silver Queen' lugt ein goldgelber *O. vulgare* 'Aureum' hervor.

Auf der anderen Korbseite erheben sich die essbaren weißen Blüten und schlanken Blätter eines Chinesischen Schnittlauchs *(Allium tuberosum)* über den purpurroten Blüten einer *Viola* 'Prince Henry', die gerne zum Garnie-

ren von Salaten und Süßspeisen verwendet wird.

Ein Zwerg-Oregano (*Origanum vulgare* 'Compactum') mit angenehmem Blatt- und Blütenduft und eine Kamille (*Chamaemelum nobile* 'Flore Pleno') mit weißen, gefüllten Blütenköpfchen verdecken den Korbrand.

Einen rein dekorativen Zweck erfüllt der violett blühende *Thymus serpyllum* 'Rainbow Falls' mit grün-gelben Blättern.

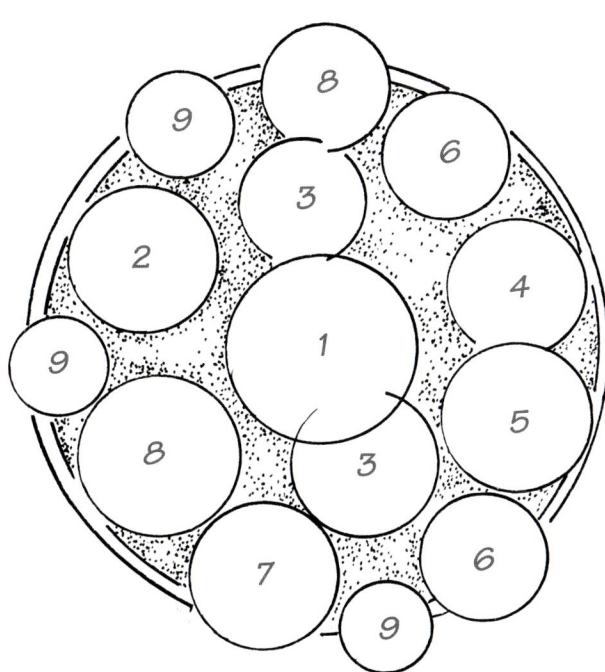

Pflanzplan

1 *Salvia officinalis* 'Tricolor'
2 *Origanum vulgare* 'Aureum'
3 *Origanum laevigatum* 'Herrenhausen'
4 *Allium tuberosum*
5 *Viola* 'Prince Henry'
6 *Chamaemelum nobile* 'Flore Pleno'
7 *Origanum vulgare* 'Compactum'
8 *Thymus* x *citriodorus* 'Silver Queen'
9 *Thymus serpyllum* 'Rainbow Falls'

Pflanzenporträt

KRÄUTER

Nicht alle Küchenkräuter eignen sich für Hängekörbe, aber die Mehrheit dürfte sich mit dem Behälterleben arrangieren. Einige besonders wuchsfreige Arten sollte man von vornherein lieber in einem Topf ziehen, weil sie im Garten sonst ungehemmt dahinwuchern würden.

Zu dieser Sorte gehört vor allem die Minze (*Mentha*), deren Wanderdrang nur in einem Behälter einigermaßen zu bremsen ist. Majoran (*Origanum vulgare*, siehe oben) und Zitronenmelisse (*Melissa officinalis*) werden am besten in jeweils eigene Behälter gesetzt.

Eine Kräutersammlung lässt sich zwar in allen möglichen Behältern anpflanzen – sogar in einem traditionellen Erdbeerkübel mit seitlichen „Fächern" – aber ein Hängekorb hat den Vorteil, dass er Platz spart. Die meisten Kräuter mögen es hell und sonnig, wobei Kerbel (*Anthriscus cerefolium*), Schnittlauch (*Allium schoenoprasum*), Mutterkraut (*Tanacetum parthenium*), Zitronenmelisse und die meisten Minze-Arten ein wenig Schatten nicht allzu übel nehmen. Alle verlangen einen Wasser speichernden Boden, verabscheuen jedoch Staunässe. Sorgen Sie also für eine gute Drainageschicht am Behälterboden.

Zarte Kräutergewächse wie Myrte (*Myrtus communis*) und Zitronenstrauch (*Aloysia triphylla*) können drinnen überwintern. Auch nützliche Immergrüne wie Lorbeer (*Laurus nobilis*), Thymian (*Thymus*) und Rosmarin (*Rosmarinus officinalis*) können im Winter unter Glas geschützt werden.

Fix für den Salat

Es macht einfach Spaß, auf den eigenen Balkon oder die Terrasse hinauszugehen und frische Zutaten für eine leckere Mahlzeit zu pflücken. Dieser kompakte Hängekorb findet auch auf kleinstem Raum Platz und beherbergt alle Pflanzen, mit denen sich ein Salat verfeinern oder garnieren lässt.

Die Petersilie *(Petroselinum crispum)* ist ein vielseitig verwendbares Küchenkraut und bildet mit ihren frischgrünen, gekräuselten Blättern einen ausnehmend hübschen Kontrast zu kleinen, knallroten Cocktailtomaten wie 'Tumbler' oder 'Tumbling Tom Red'. Es gibt sogar eine gelbe Sorte namens 'Tumbling Tom Yellow', und wer mag, kann den Korb ausschließlich mit Tomaten bepflanzen und den ganzen Sommer über herzhafte Früchte ernten.

In punkto Aroma ist das Basilikum *(Ocimum basilicum)* erste Klasse; allerdings verträgt es keinen Wind und reagiert recht empfindlich, wenn man es mit dem Gießen zu gut meint. Setzen Sie es lieber in einen Extratopf und versenken Sie diesen am Korbrand; so können Sie die Wasserzufuhr besser kontrollieren und das Basilikum leicht ersetzen, wenn es Schaden nehmen sollte. Hängen Sie den Korb an einen warmen, geschützten Ort.

Die orange-rot-gelben Blüten der Kapuzinerkresse *(Tropaeolum majus)* machen sich im Hängekorb ebenso gut wie in einem leckeren Salat. Gleiches gilt für die Blüten der Ringelblume *(Calendula)*. Die Blüten beider Pflanzen sind essbar.

Bei allzu reichlicher Düngung schießen sie allerdings leicht ins Kraut, gelegentliche Gaben von etwas Flüssigdünger reichen völlig aus. Stark zehrend sind hingegen die Tomaten.

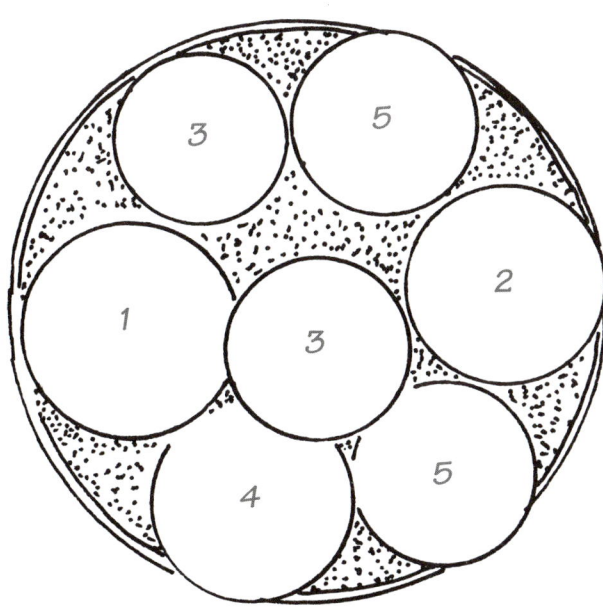

Pflanzplan

I Ringelblume *(Calendula* 'Pygmy')

2 Basilikum *(Ocimum basilicum)*

3 Petersilie *(Petroselinum crispum)*

4 Tomate 'Tumbler'

5 Kapuzinerkresse *(Tropaeolum majus,* Jewel-Serie)

Pflanzenporträt

ESSBARE BLUMEN

Mit hübschen Blüten lassen sich Blattsalate auf originelle Weise verschönern und geschmacklich verfeinern.

Zu den bekanntesten Pflanzen dieser Art gehört die Kapuzinerkresse *(Tropaeolum majus)*, deren Knospen und Blüten ein leicht pfeffriges Aroma haben. Zwischen grünen Salatblättern sehen auch die Blüten der Ringelblume *(Calendula)* sehr hübsch aus. Sie verleihen auch Reis- oder Fischgerichten und Omeletts eine mild-würzige Note. Für die Topfhaltung ist eine kompakt wachsende Zwergform wie *Calendula* 'Pygmy' am besten geeignet. Auch die Blüten von Veilchen und Stiefmütterchen *(Viola x wittrockiana)* sind eine reizvolle Salatgarnitur. Mit geeisten und kristallisierten Veilchenblüten *(Viola odorata)* kann man wunderschön Puddings, Kuchen und Eiscreme dekorieren.

Wer es lieber pikant mag, sollte blasslila Schnittlauchblüten *(Allium schoenoprasum)* über den Salat streuen, die einen milden Zwiebelgeschmack aufweisen oder die Sternblüten des Chinesischen Schnittlauchs *(Allium tuberosum)*, wenn ein Hauch von Knoblauch gewünscht ist. Der Borretsch *(Borago officinalis)* und der Natternkopf *(Echium vulgare)* sind zwar für Hängekörbe zu groß, lassen sich aber problemlos in Töpfen halten. Beide besitzen blaue kleine essbare Blüten, die man zu Salaten geben oder als Dessertdekoration im Eisfach kristallisieren kann. Junge Borretschblätter bringen auch ein erfrischendes, leichtes Gurkenaroma in Kaltgetränke.

Mauerblümchen

Freihängende Körbe sind in der Regel doch mit einigem Pflegeaufwand verbunden. Wandtöpfe dagegen sind genauso attraktiv und haben noch den Vorteil, dass die Erde nicht so rasch austrocknet, weil das Wurzelwerk hier nicht von allen Seiten Wind und Sonne ausgesetzt ist.

Diese drei Wandtöpfe sind mit verschiedenen Einjährigen sowie bedingt winterharten Mehrjährigen bepflanzt, die auch pralle Sonne vertragen. In dem größten, einem klassischen Terrakotta-Wandtopf, befindet sich eine Zwergsonnenblume (*Helianthus annuus* 'Sundance Kid'), aus deren prallen Knospen sich flache, vielblättrige Blüten in Goldgelb und Orangebraun entfalten. Sie wird umschmeichelt von einem Goldfieber (*Bidens ferulifolia*), das sehr

feinfiedrige Blätter hat und an dünnen Stängeln zahllose gelbe Sternblüten trägt. Auch das Husarenköpfchen (*Sanvitalia* 'Little Sun') harmoniert farblich mit dem warmen Terrakottaton.

Das Ruhrkraut (*Helichrysum petiolare* 'Limelight') lässt seine langen Triebe dekorativ über den Behälterrand fallen und bildet optisch einen ruhenden Pol. Von allen Pflanzen wurde jeweils nur ein Exemplar gesetzt, nur die

Sonnenblumen wirken besser in der Gruppe.

Das zweite Wandgefäß ist weiß-blau glasiert und beherbergt eine enzianblaue *Anagallis* 'Skylover' sowie eine Blaue Mauritius *(Convolvulus sabatius)*, deren lange Triebe mit hellvioletten Trichterblüten bestückt sind, die sich bei Sonne öffnen.

Im dritten Wandtopf wächst ein Schillergras *(Koeleria glauca)*, dessen blaugrüne Halme einen buschigen Horst bilden.

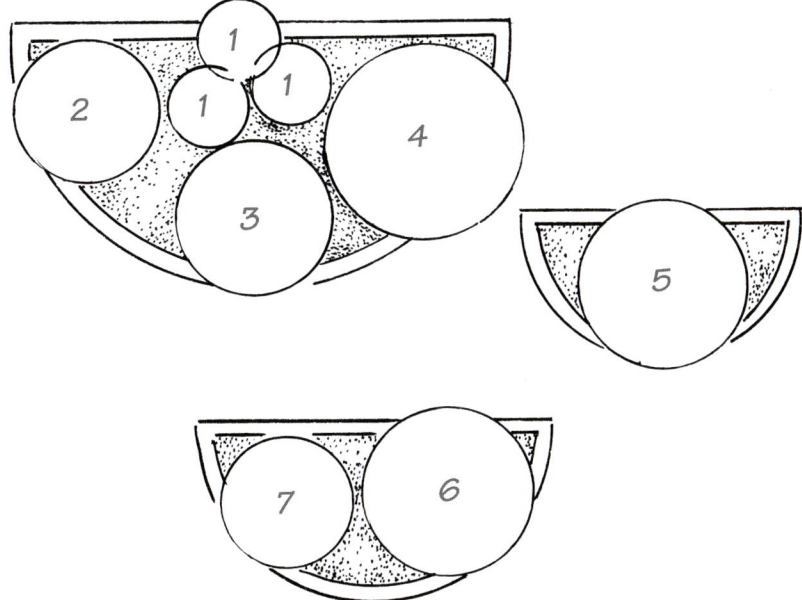

Pflanzplan

1 *Helianthus annuus* 'Sundance Kid'
2 *Bidens ferulifolia*
3 *Sanvitalia* 'Little Sun'
4 *Helichrysum petiolare* 'Limelight'
5 *Koeleria glauca*
6 *Anagallis* 'Skylover'
7 *Convolvulus sabatius*

Pflanzenporträt

HELICHRYSUM

Die Gattung Helichrysum umfasst eine große Vielzahl Einjähriger, Stauden und Halbsträucher und reicht von den bekannten Strohblumen über rankende und hängende Arten bis zu sonnenhungrigen Sträuchern, wie zum Beispiel das silberblättrige Currykraut (*H. italicum* subsp. *serotinum*).

Alle Vertreter dieser großen Pflanzengruppe brauchen einen vollsonnigen Standort und einen gut durchlässigen Boden.

H. 'Schwefellicht' (siehe Abbildung) ist eine buschig wachsende Mehrjährige mit wollig-weißlichen Stängeln und Blättern sowie hellschwefelgelben Blüten, an denen man sich lange erfreuen kann. *H. rosmarinifolium* – es wurde umbenannt in *Ozothamnus rosmarinifolius* – ist ein aufrecht wachsender Strauch aus Australien und gut geeignet für größere Kübel. Er hat dunkelgrüne, rosmarinähnliche Blätter und treibt Anfang Sommer weiße, duftende Blütendolden. *O. r.* 'Silver Jubilee' ist eine wunderhübsche Sorte mit silbrigen Blättern.

Ebenfalls sehr geeignet für Pflanzgefäße, insbesondere für Hängekörbe, ist *H. petiolare*, ein Polster bildendes, frostempfindliches Immergrün. Die halb hängenden Triebe sind mit silbergrauen Blättchen besetzt. *H. p.* 'Limelight' hat limonengelbe Blätter, während die von *H. p.* 'Variegatum' cremeweiß gerändert sind. *H. p.* 'Roundabout' ist eine Zwergform der letztgenannten Sorte und geht nur 15 cm in die Höhe und 30 cm in die Breite.

Die Einjährigen mit „immerwährenden" Blüten, die man trocknen kann, heißen *H. bracteatum*.

Blattschönheiten

Nicht alle Hängekörbe müssen unbedingt im Freien sein – auch in vielen Wintergärten findet sich sicher noch ein Plätzchen, überdachte Terrassen bieten sich ebenfalls an.

Diese beiden Behälter mit Zimmerpflanzen sind speziell für einen Wintergarten gedacht, in dem eine Mindesttemperatur von 10 °C herrscht. Da die Pflanzen in erster Linie wegen ihrer attraktiven Blätter ausgewählt wurden, bieten beide Körbe zu jeder Jahreszeit einen schönen Anblick. Körbe mit durchlässigen Seiten sind für drinnen allerdings ungeeignet; hier sollte man auf große Hängetöpfe zurückgreifen, im Idealfall mit Tropfschale. Wählen Sie einen hellen, luftigen Ort und achten Sie darauf, dass der Deckenhaken das schwere Gewicht halten kann.

Die Stars dieser Pflanzengruppe sind die beiden buntblättrigen Begonien. Die *Begonia* 'Merry Christmas' zeigt sehr aparte, bis 20 cm lange tiefrosa Blätter mit smaragdgrüner Zeichnung sowie dunkelroter Mitte und Umrandung. Anfang Frühjahr schmückt sie sich zusätzlich mit hellrosa Blüten. Die spiralig anmutenden, dunkelgrünen Blätter der *B.* 'Princess of Hanover' bilden dazu einen eindrucksvollen Kontrast.

Anspruchslos und zuverlässig, bringt die Grünlilie (*Chlorophytum comosum* 'Vittatum') hier eine ganz andere Blattform ins Spiel. Wie ein Wasserfall springen ihre langen Blätter aus den Begonien hervor.

Die Dreimasterblume (*Tradescantia zebrina* 'Quadricolor') lockert die Blattformen etwas auf und rankt sich über den Behälterrand.

Der andere Behälter enthält eine *Begonia imperialis* mit cremeweißem Muster.

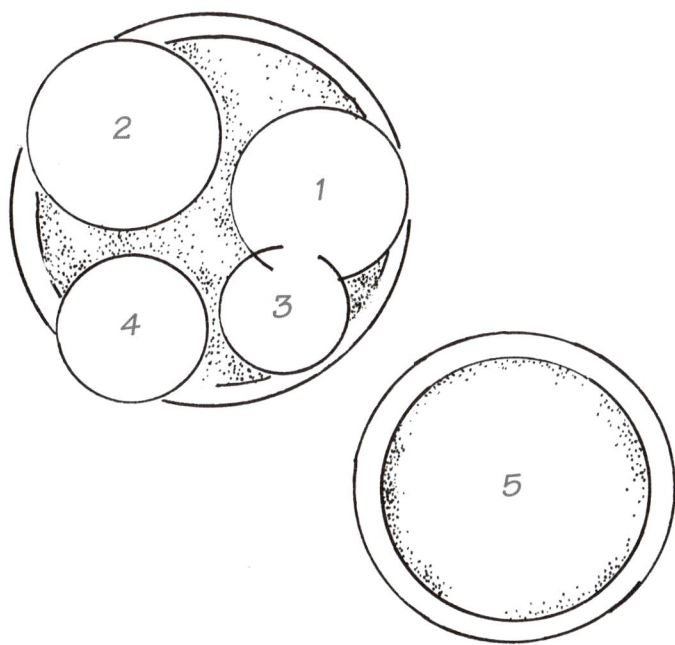

I   *Begonia* 'Princess of Hanover'
2   *Begonia* 'Merry Christmas'
3   *Chlorophytum comosum* 'Vittatum'
4   *Tradescantia zebrina* 'Quadricolor'
5   *Begonia imperialis*

Pflanzenporträt

BLATTBEGONIEN

Wegen ihrer unerschöpflichen Vielfalt gehören Begonien oft zu den Pflanzen der ersten Wahl, wenn es um Töpfe oder Hängekörbe geht. Die Blattbegonien sind innerhalb dieser Pflanzenfamilie eine der interessantesten Gruppen. Sie haben große, erstaunlich unterschiedlich gefärbte, meist herzförmige Blätter. Manche sind gefleckt, andere bunt geädert oder zeigen silbrige, goldgelbe, bronzefarbene oder dunkelrosa Bänder und Muster. Die Blattoberflächen gibt es von glatt und glänzend bis zu wachsartig oder behaart.

Wie ihre blühfreudigen Verwandten sind auch Blattbegonien leicht zu halten, aber relativ kurzlebig. Nach etwa 12 Monaten ist die Pracht vorüber. Glücklicherweise lassen sie sich aber durch Stecklinge oder durch Teilen sehr einfach vermehren. Die Pflanzen brauchen es zwar hell, jedoch dürfen die Blätter nicht direkt der Sonne ausgesetzt sein, sonst versengen sie. Ab und zu sollte die Umgebung (aber nicht das Blattwerk selbst) mit einem feinen Wassersprühnebel befeuchtet werden. Von Frühjahr bis Herbst muss der Boden stets feucht sein; die Oberfläche sollte aber zwischen den Wassergaben trocknen können. Im Winter wird dann nur noch sparsam gegossen.

Es gibt zahllose Sorten, darunter *B.* 'Président Carnot' (grün-silberne Blätter), *B.* 'Bettina Rothschild (silber, purpurrot und rosa, siehe Abbildung), *B.* 'Helen Lewis' (weinrot mit silbernen Bändern). *B. masoniana* wird wegen der auffälligen Zeichnung auch „Eiserne-Kreuz-Begonie" genannt.

Wintergrün

An einem geschützten Standort überstehen diese Pflanzen auch draußen im Freien die Wintermonate recht gut. Sie können im Frühling problemlos ins Freiland gepflanzt werden.

Für einige Zeit halten es viele langsam wachsende Zwerg- und Kriechkoniferen durchaus auch in Töpfen oder Hängekörben aus. Der Wacholder (*Juniperus squamata* 'Blue Star'), ein halb niedrig bleibender, halb aufrecht-strauchiger Vertreter seiner Art, hat blaugraues Laub und gibt in einem der beiden Wandbehälter einen schönen Blickfang ab. Ganz anders präsentiert sich die immergrüne Segge gleich daneben (*Carex conica* 'Snowline'), die ihre silbrig-weißen Halme anmutig über den Behälter fallen lässt. Die Gefleckte Taubnessel (*Lamium maculatum* 'Beacon Silver')

hat grüne Blätter mit silberweißem Mittelstreifen und treibt im Frühjahr rosa Blüten; daneben zwei Günsel (*Ajuga reptans* 'Multicolor' und *A. r.* 'Valfredda'), jeweils mit gescheckten Blättern im Knitter-Look. Im Frühjahr zeigen beide Pflanzen blaue Blütenähren. Ein Immergrün (*Vinca minor* 'Alba Variegata') mit rankenden Trieben rundet das Bild ab.

Selbst im Winter wirkt das Blattwerk des Heiligenkrauts (*Santolina rosmarinifolia* subsp. *rosmarinifolia*) immer frischgrün und bildet im oberen Teil des zweiten Behälters den ruhigen Hintergrund für die grob strukturierten, rot-silbernen Blätter des Günsels *Ajuga reptans* 'Burgundy Glow'.

Die Segge (*Carex conica* 'Snowline') schafft eine harmonische Verbindung zwischen den beiden Wandbehältern. Auch die *Vinca minor* 'Aureovariegata' findet im ersten Wandgefäß ihr Gegenüber.

WINTERLAUB

Immergrüne Pflanzen lockern jede winterliche Bepflanzung auf, weil ihre Blätter noch Farbe bekennen, wenn ringsherum sonst kaum mehr bunte Blüten oder Blätter zu sehen sind.

Alle Immergrüne, die in Pflanztöpfen gehalten werden, brauchen im Winter einen geschützten Standort. Anders als Laub abwerfende Pflanzen benötigen sie auch im Winter noch Wasser – also selbst in den nassesten, kältesten Monaten ist Gießen angesagt.

Immergrüne Zwergsträucher und -koniferen gehören zu den dankbarsten Topfbewohnern und bestechen meist durch ausgefallene Blattformen, zum Beispiel die Strauchveronika *(Hebe)* oder der Spindelstrauch *(Euonymus)*. Auch viele Gräser behalten im Winter ihr grünes Kleid und ihre wogenden Halme, die einen reizvollen Kontrast zu den behäbigkompakten Sträuchern und Koniferen bilden.

Zahlreiche strauchige Kräuter, etwa Salbei *(Salvia)* und Thymian *(Thymus)* sind gute Topfkandidaten – Staunässe mögen sie allerdings nicht. Die sommerblühende Besenheide *(Calluna)* besticht durch ihr farbiges Laub, ebenso wie zahlreiche winterharte Glockenheiden *(Erica)*.

Wegen ihrer dekorativen Ausläufer eignen sich einige niedrige, Teppich bildende Mehrjährige gut als Hängekorb-Bepflanzung – wie zum Beispiel Günsel *(Ajuga)*, Taubnessel, Immergrün *(Vinca)*, Thymian, Goldpfennigkraut *(Lysimachia nummularia)*, Wolfsmilch *(Euophorbia myrsinites)*, Fetthenne *(Sedum)* und der Steinbrech *Saxifraga* x *urbium* 'Variegata'.

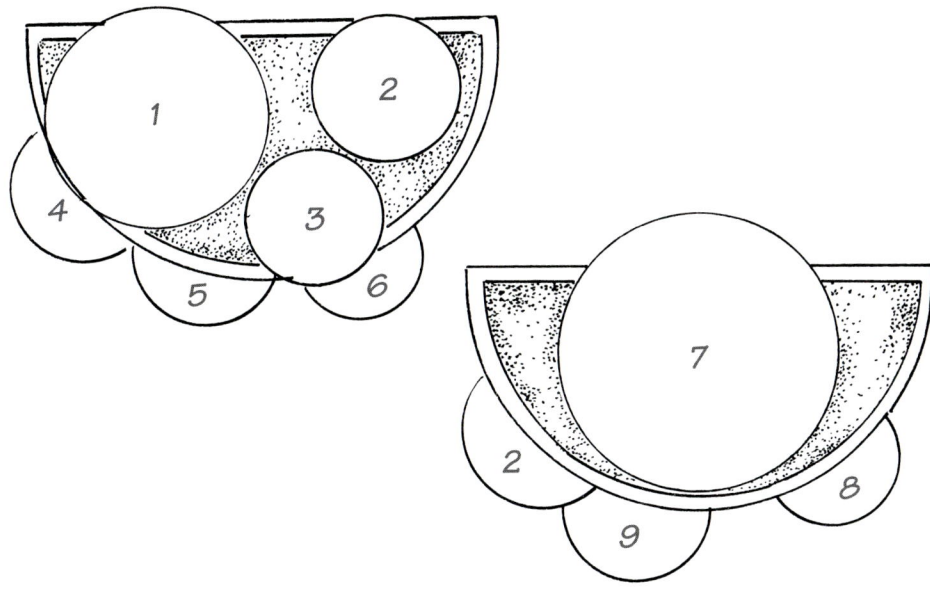

Pflanzplan

1 *Juniperus squamata* 'Blue Star'
2 *Carex conica* 'Snowline'
3 *Lamium maculatum* 'Beacon Silver'
4 *Ajuga reptans* 'Multicolor'
5 *Ajuga reptans* 'Valfredda'
6 *Vinca minor* 'Alba Variegata'

7 *Santolina rosmarinifolia*, subsp. *rosmarinifolia*
8 *Ajuga reptans* 'Burgundy Glow'
9 *Vinca minor* 'Aureovariegata'

127

• Bildnachweis/Danksagungen

Mark Bolton 13 oben links, 23, 27, 31, 49, 81, 95, 107, 109, 11 oben, 14.
Eric Crichton 115.
Garden Picture Library /Brian Carter 105, /John Glover 57, /Neil Holmes 53, 83, /Lamontagne 6, /Howard Rice 47, /Friedrich Strauss 5.
John Glover 77, /Designer: Dan Pearson /RHS Chelsea Flower Show 1993 16 unten.
Octopus Publishing Group Limited /Mark Bolton /Richmond Adult Community College /RHS Hampton Court Flower Show 2001 1, 13 oben rechts, /Mark Bolton /Topiary By Design /RHS Hampton Court Flower Show 2001 9 oben rechts, 69, 97, /Jerry Harpur 43, 101, / Andrew Lawson 33, /David Sarton /Designer: Natalie Charles /RHS Chelsea Flower Show 2002 3 links, 10 oben, /Mark Winwood 16 oben, /Steve Wooster 2, 3 rechts, 9 links, /Mel Yates 12.
Jerry Harpur 45, 75, /Bourton House 99, /Richard Hartlage, Seatle 9 unten rechts, /Tom Hobbs, Vancouver 37, /Designer: Anne Alexander-Sinclair 8, 20–21, /Peter Wooster, Connecticut, USA 17
Marcus Harpur 19, 29, 51, 65, 73, 85, 89, 103, 117, 125, /Henry & Ann Bradshaw, Coltishall, Norfolk, UK 61, /Beth Chatto, Essex 91, /Bunny Guinness, RHS Chelsea Flower Show 13 unten rechts, /Park Farm 87, / RHS Chelsea Flower Show 1996 70–71, /Designer: Susan Rowley 10 unten, /Dr. Chris Grey-Wilson 119, /Designer: Stephen Woodhams/ RHS Chelsea Flower Show 2000 7.
Holt Studios International /Willam Harinck 59.
Andrew Lawson 11 unten, 18, 25, 39, 41, 55, 63, 67, 93, 111, 113, 121.
Derek St Romaine 79.
Harry Smith Collection 35, 123.

Executive Editor: Sarah Ford
Editor: Joss Waterfall
Executive Art Editor: Joanna Bennett
Designer: Ginny Zeal
Produktionsleitung: Viv Cracknell
Bildredaktion: Zoë Holtermann
Farbabbildungen: Gill Tomblin
Schwarz-Weiß-Abbildungen: Bob Purnell